高等学校教材·机械科学系列

现代 CAPP 技术与应用

张振明　许建新
贾晓亮　田锡天　编著

西北工业大学出版社

【内容简介】 本书针对CAPP技术的最新发展及企业对CAPP的迫切需求，阐述了现代CAPP的特点、技术及应用，着重论述了现代CAPP的基本理论、工艺知识处理技术、基于特征的CAPP集成技术、制造工艺信息系统、现代CAPP系统的工程应用等内容。

本书内容大部分选自于近几年来有关CAPP的研究成果与应用，内容新颖丰富，实用性强，可作为机械设计制造及其自动化、机械电子工程等专业的本科生、研究生教材，也可供工程技术人员参考。

图书在版编目(CIP)数据

现代CAPP技术与应用/张振明等编著.—西安:西北工业大学出版社,2003.10(2014.8重印)
ISBN 978-7-5612-1650-7

Ⅰ.现… Ⅱ.张… Ⅲ.机械制造工艺-计算机辅助设计:机械设计 Ⅳ.TH162

中国版本图书馆CIP数据核字(2003)第078291号

出版发行：西北工业大学出版社
通信地址：西安市友谊西路127号 邮编:710072
电　　话：(029)88493844， 88491757
网　　址：www.nwpup.com
印 刷 者：陕西百花印务有限责任公司
开　　本：787 mm×1 092 mm 1/16
印　　张：10.125
字　　数：239千字
版　　次：2003年10月 第1版 2014年8月 第4次印刷
定　　价：20.00元

前　言

目前，以微电子技术、软件技术为核心，以数字化、网络化为特征的信息技术正以其强大的渗透力影响着社会各个领域，促使人类生存和生产方式发生深刻的革命，已成为影响世界的高新技术之一。发展信息产业，首先要把信息技术应用到制造业，只有建立在现代信息技术基础之上的制造业，才能构筑我国综合国力的强大基础，才能满足各行各业发展的基本物质需求。

工艺过程设计确定制造过程及制造所需的制造资源、制造时间等，是连接产品设计与产品制造的桥梁，对产品质量和制造成本具有极为重要的影响。随着先进制造技术及制造业信息化的发展，CAPP 受到越来越多的关注。传统的 CAPP 研究与开发以零组件加工工艺编制为主体对象，片面追求工艺决策的自动化，忽视 CAPP 系统的实际应用，使得 CAPP 的发展缺乏坚实的实践基础。进入 20 世纪 90 年代后，CAPP 研究与开发逐步走向以实用化为基础，以集成应用为目标，综合考虑包括工艺决策自动化等问题在内的各种工艺技术问题的现代 CAPP 发展阶段。实用化 CAPP 系统在开发应用过程中，其目标与传统 CAPP 系统目标有很大的不同。这类 CAPP 系统在国内越来越多的企业得到应用，短短几年已取得相当显著的效果。目前，现代 CAPP 的发展正在逐步体现现代先进制造思想，向基于网络化和数字化环境、以信息集成和工程知识为主体、实现工艺设计与工艺管理一体化的制造工艺信息系统方向发展。

本书从系统的角度，阐述现代 CAPP 的特点、方法与技术，着重论述现代 CAPP 基本理论、工艺知识处理技术、基于特征的 CAPP 集成技术、制造工艺信息系统、现代 CAPP 系统的工程应用等内容；选材大都为近几年的研究成果，紧密结合工程应用，力求先进性与实用性的有机统一。其目的是为了增大信息量，扩大知识面，提高人们对 CAPP 的认识层面，以促进 CAPP 的应用与发展。

西北工业大学是国内最早开展生成式 CAPP 研究的单位，也是国内最早开展 CAPP 研究的单位之一。20 多年来，以黄乃康教授为代表的老一辈 CAPP 研究开创者，为 CAPP 的发展不懈努力，取得了丰硕成果，并为培养新一代的 CAPP 研究开发者倾注了大量的心血。编者近 10 年所取得的研究成果，大都是在黄乃康等教授的指导下完成的。在本书的编写过程中，黄乃康教授对内容的选取、安排，都给出了建设性的指导意见，并且多次悉心审读书稿，提出了许多宝贵的建议和意见，在此，我们谨表示深深的谢意和崇高的敬意。

本书共分 7 章。第 1 章由张振明编写，第 2 章由张振明、田锡天编写，第 3 章由张振明编写，第 4 章由许建新编写，第 5 章由许建新、张振明编写，第 6 章由贾晓亮、田锡天编写，第 7 章由贾晓亮编写。

由于编者水平有限，书中难免有不足甚至错误之处，敬请读者不吝指教。

编　者

2003 年 6 月

目　录

第1章　绪　　论

1.1　工艺过程设计

1.1.1　制造系统与产品制造过程

制造工业是国民经济的重要基础，对国民经济的发展有决定性的影响，其先进程度是一个国家经济发展的重要标志。

制造企业通过产品的制造过程，即利用制造资源（设计方法、工艺、设备和人力等）将材料和信息"转变"为有用物品的过程，来为社会提供所需的产品与服务。按传统的理解，人们一般将"制造"理解为产品的机械工艺过程或机械加工过程。随着社会生产力的发展，"制造"的概念和内涵在"范围"和"过程"两个方面大大拓展：在"范围"上，包括了机械、电子、化工、轻工、食品、仪器仪表、医药等行业；在"过程"上，制造不是仅指具体的工艺过程，而是包括市场分析、产品设计、工艺过程设计、零部件加工、装配检验、销售服务等产品全生命周期过程。国际生产工程协会1990年给"制造"下的定义是：制造是涉及制造工业中产品设计、物料选择、生产计划、生产过程、质量保证、经营管理、市场销售和服务的一系列相关活动和工作的总称。

随着制造技术的发展，人们以系统论、信息论和控制论等所形成的系统科学和方法论为工具，从系统各组成部分之间的相互联系、相互作用、相互制约的关系来分析和研究制造过程，形成了制造系统（Manufacturing System）的概念。制造系统是由物质流、能量流、信息流3个基本要素组成的，而信息流是制造系统最关键的因素。

以产品为主线，制造系统具有产品设计、工艺过程设计、零部件加工、库存、装配检验、包装、发货、售后服务、回收利用等功能。以企业经营管理为主线，制造系统主要执行计划管理、生产控制、财务管理、销售管理、质量管理、后勤管理等功能。这两条主线之间存在着密切的信息联系，如图1.1所示。

工艺过程设计是为实现工艺过程而制订详细工作计划所进行的活动，它是连接产品设计与产品制造的桥梁。机械加工工艺过程设计所要解决的问题是：根据产品的设计要求，确定零件从原始状态转变到规定的最终状态所需要的一系列加工方法、加工顺序、工装设备和加工参数等。

工艺过程设计确定制造过程及制造所需的制造资源、制造时间等。它是完成产品设计信息向制造信息转换的关键性环节，因而是制造系统的重要环节，对产品质量和制造成本具有极重要的影响。

1.1.2　产品工艺过程设计与管理

在制造业中，机械产品制造是制造业的基础，它承担着为国民经济各部门提供各种装备的任务。据我国有关部门统计，在整个工业生产总值中，机械制造业约占 25%。在现代机械制造业中产品工艺过程设计与管理工作具有十分重要的地位。

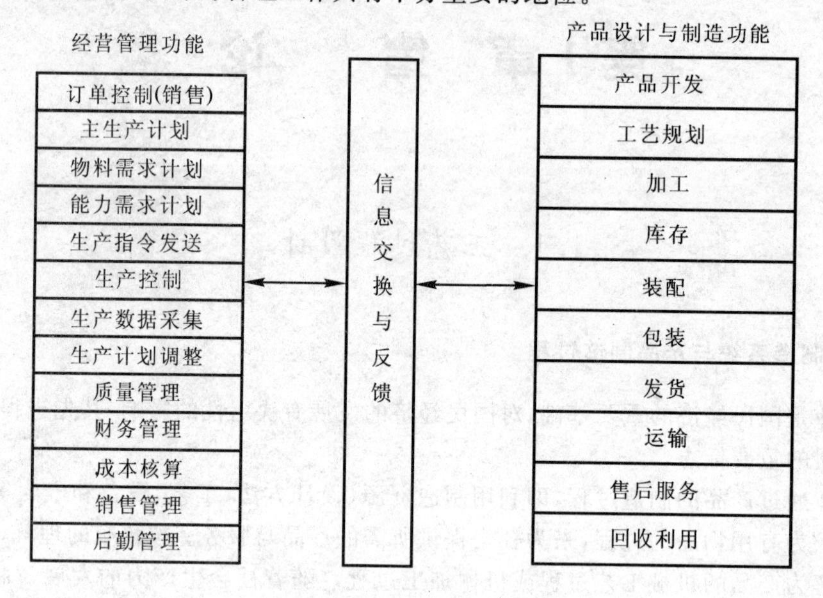

图 1.1　制造系统的两大功能主线

通常，产品工艺过程设计与管理可划分为两个层次：企业级工艺过程设计与管理；车间级工艺过程设计与管理。

1. 企业级工艺过程设计与管理

(1) 产品结构工艺性审查：产品结构工艺性审查的目的在于早期发现产品设计中的工艺性问题，并及时解决，以防止或减少在生产中可能发生的重大技术问题；较早预见产品制造中的主要件、关键件所需的关键设备或特殊工艺装备，以便及早安排制造或外协。

(2) 产品工艺零组件划分：从制造角度可划分为能相对独立进行装配和制造的产品构成，如将产品划分为若干个部件，部件划分为若干个组合件等。

(3) 产品工艺流程制定：在企业中，工艺流程又称为(车间)工艺路线、分工路线、分工计划等，它要确定产品零组件在整个企业中的制造过程。

2. 车间级工艺过程设计与管理

在一般产品制造中包括的车间级工艺过程设计种类有 4 种。

(1) 变形加工工艺设计：使原材料产生形态、形状或结构变化来制造零组件的工艺过程设计，如各类零件毛坯制造(铸、锻、下料等)、零件加工(机械加工、钣金冲压等)等。

(2) 变态、变性加工工艺设计：通过改变原材料的性质来满足制造零组件需要的工艺过程设计，如热处理、表面处理等。

(3) 连接和组装加工工艺设计：使工件与其他原材料或工件与工件、组件与组件结合而形成组件或产品的工艺过程设计，如焊接、装配等。

(4) 其他环节的工艺设计：产品制造过程中其他环节工艺过程设计，如检测、试验等。

工艺过程设计是典型的复杂问题，包含了分析、选择、规划、优化等不同性质的各种业务工作和功能要求，涉及的范围十分广泛，用到的信息量相当庞大，又与具体的生产环境及个人经验水平密切相关，因此是一项技术性和经验性很强的工作。长期以来，工艺过程设计都是依靠工艺设计人员个人积累的经验完成的。这种设计方法与现代制造技术的发展要求不相适应，主要表现在3个方面。

(1) 工艺设计要花费相当多的时间，但其中实质性的技术工作可能只占总时间的5%～10%，大部分时间用于重复性劳动和填写表格等事务性工作上。这不仅加大了工艺人员的劳动强度，容易出错，而且延长了产品的生产周期。

(2) 同一零件由不同工艺员编制工艺时，往往得到不同的工艺文件；即使同一工艺员，每次设计结果也可能不完全相同。这就是说，人工设计的工艺，一致性差，难以保证工艺文件的质量和实现规范化、标准化。

(3) 繁琐而重复的密集型劳动会束缚工艺人员的设计思想，妨碍他们从事创造性工作，并且工艺人员的知识积累过程太慢，而服务时间相对过短，因而不利于其工艺水平的迅速提高。

1.2 计算机辅助工艺过程设计

1.2.1 计算机技术在工艺过程设计中的应用

随着计算机技术的迅速发展，计算机技术在工艺过程设计中得到了应用，即计算机辅助工艺过程设计(CAPP，Computer Aided Process Planning)。计算机在工艺过程设计等制造工程中的辅助作用主要体现在数值计算、数据存储与管理、图形处理、逻辑决策等方面。

计算机作为计算工具使用的优越性显而易见，人工计算容易发生错误的问题在这里可以得到完全的克服。许多需要多次迭代的复杂运算，只有计算机才能完成。在制造工程中，一些设计分析方法，例如优化方法、有限元分析，离开计算机便难以实现。计算机作为计算工具提高了计算精度，保证了运算结果的正确性。

计算机可靠的记忆能力，使其能够在数据存储与管理方面发挥重要作用。例如，常规设计时，设计人员必须从有关的技术文件或设计手册中查找数据，费时而且容易出错。使用计算机辅助系统时，标准的数据存放在统一的数据库中，检索或存储起来方便、迅速而且准确。有了数据库，设计人员便不再需要记忆具体的数据，也不必关心数据的存储位置，可以全神贯注于创造性的工作。

图样是工程中的语言，是人们交流思想的工具。在工艺规程编制中，工艺草图的绘制工作量往往很大，有时可达60%以上，因此计算机绘图是对设计工作的有力辅助。

随着人工智能技术的发展，人们将人工智能融进工艺过程设计中，使计算机能够帮助工艺人员完成许多逻辑决策功能，从而提高CAPP的智能化水平。

应用CAPP技术，可以使工艺人员从烦琐重复的事务性工作中解脱出来，迅速编制出完整而详尽的工艺文件，缩短生产准备周期，提高产品制造质量，进而缩短整个产品开发周期。从发展的角度看，CAPP可逐步全部或部分实现工艺过程设计的自动化及工艺过程的规范化、标准化与优化，从根本上改变工艺过程设计依赖于个人经验的状况，提高工艺设计质量，并为制定先进合理的工时定额以及改善企业管理提供科学依据。

随着集成技术的发展，CAPP被公认为是CAD/CAM集成的关键，是FMS及CIMS等先进制造系统的技术基础。因此，CAPP技术逐渐引起越来越多的人们的重视，世界各国都在大力研究。比如,美国国家关键技术委员会在 1991 年海湾战争后向总统提出的报告中,介绍了 22 项被认为是对美国长期安全和经济繁荣至关重要的技术,其中在第 6 项计算机集成制造(CIM, Computer Integrated Manufacturing)中就介绍了 CAPP 技术的发展状况及重要性。美国总统办公厅科技政策办公室于 1995 年公布的第 3 个双年度美国国家关键技术报告中再次将 CAPP 技术列为对美国经济繁荣和国家安全至关重要的 290 个专项技术之一。

1.2.2　CAPP 的基本组成

传统的 CAPP 系统通常包括 3 个基本组成部分:产品设计信息输入、工艺决策、产品工艺信息输出。

1. 产品设计信息输入

工艺过程设计所需要的原始信息是产品设计信息。对于机械加工工艺过程设计而言,这些原始信息是指产品零件的结构形状和技术要求。表示产品零件和技术要求的方法有多种,如常用的工程图纸和 CAD 系统中的零件模型。工艺人员在进行工艺过程设计时,首先通过阅读工程图纸获取有关工艺设计所需的产品设计信息。对于 CAPP 系统,必须将这些有关的产品设计信息转换成系统所能"读"懂的信息。目前,CAPP 系统的信息输入方法主要有两种:一种是人机交互输入系统所需的产品设计信息;另一种是直接从 CAD 系统读取所需的产品设计信息。

2. 工艺决策

所谓工艺决策,是指根据产品设计信息,参照利用工艺经验和具体的生产环境条件,确定产品的工艺过程。总体来看,工艺决策要解决 3 种类型的问题:① 选择性问题,如加工方法选择、工装设备选择等;② 规划性问题,如工序安排与排序、工步安排与排序等;③ 计算性问题,如工序尺寸计算等。

对于计算性问题,可建立数学模型和算法加以解决;对于选择性问题和规划性问题,CAPP 系统所采用的基本工艺决策方法有以下两种。

(1) 修订式方法(Variant Approach):也称派生式方法,其基本思路是将相似零件归并成零件族,设计时检索出相应零件族的标准工艺规程,并根据设计对象的具体特征加以修订。通常人们把采用修订式方法的 CAPP 系统称为修订式 CAPP 系统。

(2) 生成式方法(Generative Approach):也称创成式方法,其基本思路是将人们设计工艺过程时的推理和决策方法转换成计算机可以处理的决策逻辑、算法,在使用时由计算机程序采用内部的决策逻辑和算法,依据制造资源信息,自动生成零件的工艺规程。通常,人们把采用生成式方法的 CAPP 系统称为生成式 CAPP 系统。

许多 CAPP 系统,往往综合使用修订式方法和生成式方法,所以也有人提出半创成式(Semi-Generative)方法的概念,并把这类系统称为半创成式 CAPP 系统。

20 世纪 80 代年至 90 年代初期,CAPP 的研究与开发主要集中在采用专家系统(ES, Expert System)及人工智能(AI, Artificial Intelligence)技术。虽然在 CAPP 中所采用的人工智能技术多种多样,但基本是针对工艺决策问题,系统结构基本是按专家系统构造的,因此,这样的系统常被称为工艺决策专家系统或 CAPP 专家系统。国内外开发的许多 CAPP 专家系统,采用的工艺决策方法基本上都是生成式方法,但也有在修订式 CAPP 系统中采用专家系统技术的。

3. 产品工艺信息输出

通常人们要以工艺卡片形式表示产品工艺过程信息，如工艺过程卡、工序卡等，而且在一些卡片中，还包括工序简图。在CAD/CAPP/CAM集成系统中，CAPP需要提供CAM数控编程所需的工艺参数文件；在集成环境下，CAPP需要通过数据库存储产品工艺过程信息，以实现信息共享。

1.2.3 CAPP的发展阶段

CAPP研究开发始于20世纪60年代末，在CAPP发展史上具有里程碑意义的是设在美国的国际性组织CAM－I于1976年开发的CAPP(CAM－I's Automated Process Planning)系统。国内最早开发的CAPP系统是同济大学的TOJICAP修订式系统和西北工业大学的CAOS生成式系统，其完成的时间都在80年代初。经过30多年的历程，国内外对CAPP技术已进行了大量的探讨与研究，无论在研究的深度上和广度上都不断取得进展。例如：

(1) 在设计对象上，所涉及的零件从回转体零件、箱体类零件、支架类零件到复杂的飞机结构件等。

(2) 在涉及的工艺范围上，从普通加工工艺到数控加工工艺；从机械加工工艺到装配工艺、钣金工艺、热处理工艺、表面处理工艺、特种工艺、数控测量机检测过程设计、试验工艺等。

(3) 在系统设计上，从单一的修订式或生成式模式，到应用专家系统等人工智能技术，并具有检索、修订、生成等多种决策功能的综合/智能化系统模式。

(4) 在系统应用上，从独立的计算机辅助技术“孤岛”，到满足集成系统环境需求的集成化系统。

(5) 在系统开发上，从单纯的学术性探索和技术驱动的原型系统开发，逐步走向以应用和效益驱动的实用化系统开发。

纵观CAPP的发展，可分为3个发展阶段。

1. 基于自动化思想的修订/生成式CAPP系统

20世纪90年代中期前，人们在传统的修订式CAPP系统、生成式CAPP系统以及CAPP专家系统的开发研究中，已取得了一定成果。但由于以工艺决策自动化为惟一目标，以期在工艺设计上代替工艺人员的劳动，因此，造成开发应用中的诸多问题，如系统开发周期长、费用高、难度大；工艺人员在使用中需交互输入大量的零件信息，麻烦而又容易出错，难以掌握系统的使用；系统功能和应用范围有限(局限性大)，缺乏适应生产环境变化的灵活性和适用性，难以推广应用等。尽管国内外不断地在开发工具(包括专家系统开发工具)的开发、面向对象(O-O, Object-Oriented) 技术的应用、CAD/CAPP集成应用等方面进行探索，但始终未能有效地推进CAPP的实用化，因而未能给CAPP发展奠定坚实的实践基础。

2. 基于计算机辅助的实用化CAPP系统

20世纪90年代以来，CAPP的实用化问题引起研究者和企业技术工作者的重视，以实现工艺设计的计算机化为目标或强调CAPP应用中计算机的辅助作用的实用化CAPP系统成为新的主题。这些实用CAPP系统或是专用开发或是基于商品化系统的应用开发，大致可分为以下两大类：

(1) 基于文字、表格处理软件或二维CAD软件的工艺卡片填写系统。

由于以自动化为目标的修订/生成式CAPP应用存在问题，许多企业基于文字、表格处理软件或二维 CAD 软件等通用软件开发工艺卡片填写系统。在这些系统中，很多只是基于简单模板的计算机输出工艺卡片，仅取得了有限的应用效果。但也有一些系统是企业在工艺标准化、规范化的基础上花费大量人力、物力所开发出来的，且取得了很好的应用效果。

1997 年以来，国内推出了几个商品化 CAPP 系统，其中许多是基于 AutoCAD 和其他一些图形系统的工艺卡片填写工具系统。这类系统片面强调工艺设计的“所见即所得”，完全以文档为核心，忽视企业信息化中产品工艺数据的重要性，存在难以保证产品工艺数据准确性、一致性和难以实现工艺信息集成等致命问题。这类系统基本用文件形式进行管理，有些虽然用数据库进行管理，但事实上是基于文件封装概念的管理，产品工艺数据的准确性、一致性和工艺信息集成等问题仍无法解决。

(2) 基于结构化数据的 CAPP 系统。

该系统从信息系统开发角度，分析产品工艺文件中所涉及的数据/信息，建立结构化的数据模型，并以模型驱动进行工艺设计。一些企业基于数据库开发的专用 CAPP 系统基本属于该类系统，大都采用通用数据库管理系统进行开发。

3. 面向企业信息化的制造工艺信息系统

面向企业信息化的制造工艺信息系统，代表了现代 CAPP 系统研究开发方向，将在 1.3 节中讨论。

1.3　现代 CAPP 与发展

1.3.1　现代 CAPP 概念

传统 CAPP 系统的研究与开发，无论是修订式系统、生成式系统，还是 CAPP 专家系统，都具有以下两大特征。

(1) 以零组件加工工艺编制为主体对象进行系统的研究与开发，因此，从 CAPP 系统结构上一般有回转体零件 CAPP 系统、箱体类零件 CAPP 系统、支架类零件 CAPP 系统、机床部件装配 CAPP 系统等的区分，而每一种系统只适用于少数几种零部件。如前所述，在一个制造企业中，一个最终产品在整个生命周期内的工艺设计通常涉及产品装配工艺、机械加工工艺、钣金冲压工艺、焊接工艺、热处理工艺、表面处理工艺、毛坯制造工艺、返修处理工艺等各类工艺设计。在一般产品的机械加工工艺中通常涉及回转体类零件、箱体类零件、支架类零件等各种零件类型。显然，若采用以零组件为主体对象的 CAPP 应用模式和系统结构，CAPP 在企业的应用只能是局部的应用。

(2) 片面追求工艺决策的自动化，忽视系统的应用，特别是 20 世纪 80 年代中后期，大都认为生成式 CAPP 系统是 CAPP 的主要发展方向。一方面，在信息处理系统中，决策的自动化程度越高，输入信息就必须越详尽。而受 CAD/CAM 技术发展的限制，CAPP 系统中工艺自动决策所需的零件信息，是无法自动获取的，而且从技术发展方面来看，在相当长时期内这也是难以完全解决的问题。因此，对于传统的 CAPP 系统，信息输入问题成为系统难以应用的主要原因。另一方面，工艺决策问题是典型的复杂规划问题，决策所需的信息量大，且与具体环境关系密切。因此，传统的 CAPP 系统适应性差，难以满足应用环境变化带来的不同需求。

现代CAPP则以实用化为基础，以企业全面集成应用为目标，综合考虑包括工艺决策自动化等问题在内的各种工艺技术问题的研究与开发。现代CAPP的研究与开发呈现出如下3大特征。

1. CAPP系统采用面向工程应用的、基于交互式的体系结构

CAD，CAM等计算机辅助系统的研究与开发，无不是以坚实的工程实践为基础，以工程应用中所提出的技术需求为驱动力。然而长期受CAPP发展目标片面性的限制，尽管各种新概念、新方法、新技术在CAPP研究与开发中不断获得应用，但却得不到实际生产环境的验证，使CAPP的发展缺乏生产实践的推动力，从而导致CAPP的整体发展缺乏坚实的工程实践基础。20世纪90年代以后，传统的以自动化为主要目标的CAPP研究开发状况已经使人们对CAPP研究与开发产生怀疑。1995年Dimitris Kiritsis在回顾了CAPP专家系统的发展状况后，对一个有效益的CAPP系统必须高度自动化这一目标感到怀疑。1996年A. M. Luscombe和D. J. Toncich在针对CNC机床进行的CAPP研究中，强调"辅助(Aided)"而不是"自动化(Automatic)"。1997年G. Van Zeir提出了交互式工艺设计(Interactive Process Planning)的概念，并开发了基于交互式的CAPP原型系统。1995年Ali K. Kamrani等认为难以开发出能够代替熟练工艺人员的自动化CAPP系统，已有的CAPP系统不能成为企业实用的解决方案。90年代中后期，国内开始了以交互式CAPP系统的研究、开发与应用。实践证明，只有以交互式为基础，才能真正理顺先进性与实用性、普及与提高等各方面的关系，满足企业对CAPP广泛应用的需求。

从系统体系结构来看，现代CAPP以交互式为基础的发展趋势，看上去好像是回到CAPP系统发展的初级阶段，但实际上并非如此。现代CAPP系统在开发应用过程中，其目标与早期的交互式系统以及后来的其他各种传统CAPP系统有很大的不同，这类符合现代制造系统需求的CAPP系统在国内越来越多的企业得到应用，在短短几年内已取得相当显著的效果。

2. CAPP的应用从以零组件为主体的局部应用走向以整个产品为对象的全面应用

如果继续采用以零组件为主体对象的集成与应用模式，CAPP在企业的应用只能是局部的应用，CAPP的集成也只能是局部的集成，不可能实现企业产品工艺设计与管理的全面信息化，必将造成企业工艺管理上的不一致与不协调，从而难以真正实现PDM，ERP等相关系统对产品工艺信息的全面集成共享，并将在根本上阻碍CAPP的应用和发展。在企业为了增强市场竞争力和快速响应市场的变化而采用多种新技术的环境下，推广并普及计算机辅助技术，改变传统的工艺设计手段，采用以计算机为工具的现代化工艺设计和管理方式是企业上水平、上台阶的关键之一，也是企业发展的必由之路。当前国内制造企业正在大力推行信息化工程，许多企业在成功实施CAD之后正在积极拓展CAPP的应用范围，即从以零组件为主体对象的局部应用走向以整个产品为对象的全面应用，逐步建立企业及制造工艺信息系统，以便从根本上解决企业中关键的工艺信息共享问题。

3. CAPP的应用开发以平台/工具类CAPP软件为基础

由于工艺过程设计与具体的生产环境、生产对象及生产技术水平密切相关，因此，难以开发通用的CAPP系统。而专用的CAPP系统开发模式，将造成大量的低水平重复，浪费不少的人力、财力。因此，如何把工艺过程设计中一般性的方法内容和特殊性的要求相结合，建立易于扩充的工艺信息系统结构，发展符合各类制造企业实际需求并可大力推广的CAPP应用支撑软件(平台/工具类CAPP系统)，成为CAPP研究与开发的重要方向。

20 世纪 90 年代以前，国内外曾不断地在 CAPP 开发工具的开发及面向对象技术的应用上进行探索，但受限于以自动化为目标和以零组件为主体对象，CAPP 的工具化、平台化问题并未得到解决。在以交互式为基础的 CAPP 系统体系结构指导下，短短几年，CAPP 的工具化、平台化就得到了很大的发展。目前，国内外已有相应的商品化软件推出。从总体来看，以交互式设计和数据化、模型化、集成化为基础，并综合应用数据库技术、网络技术等是这些商品化 CAPP 软件的共同特点。

基于 CAPP 平台/工具类软件，用户可以根据具体的功能需求、生产环境、生产对象特点，方便地开发出实用化的专用 CAPP 系统，而无须从头开发。

针对当前国内 CAPP 实际应用情况，CAPP 平台/工具类软件至少应具有 3 大基本功能：工艺卡片格式定义、工艺知识库的建立与维护、工艺设计与管理功能。

1.3.2　现代 CAPP 与工艺知识库

工艺过程设计是典型的复杂问题，所涉及的范围十分广泛，信息量和知识量相当庞大。在传统的 CAPP 专家系统中，知识库通常是狭义的知识库，即知识库中主要存储推理规则等规则性知识。这些知识库主要是面向系统自动决策，因此，知识的数量同实际需要相比，只是很少的一部分，且缺少足够的事实性知识，局限性很大。

在现代 CAPP 系统中，知识库的作用首先是为工艺人员的决策提供详尽的帮助。这可分为两个层次。

(1) 代替手工查阅工艺手册及相关资料；

(2) 代替手工查阅已设计好的工艺实例。

进一步地，知识库还可提供相关自动工艺决策功能，辅助工艺人员提高工作效率，帮助具有较少经验的工艺人员能够设计出具有专家或准专家水平的产品工艺。

在此意义上的知识库是广义的知识库，它包含了工艺数据库、典型工艺库、工艺规则库等。

1.3.3　现代 CAPP 系统结构

现代 CAPP 系统结构是以交互式为基础，以知识库为核心，并采用检索、修订、生成等多工艺决策混合技术和多种人工智能技术的基于知识的交互式 CAPP 系统框架，其结构如图 1.2 所示。图中，产品工艺数据库包括 1.3.2 中所述的工艺数据库和典型工艺库，而 CAPP 知识库主要存放工艺决策规则等。

1.3.4　制造工艺信息系统

从企业工艺管理来看，各类工艺数据统计汇总（包括工装设备、材料、工艺关键件、外协外购件、工时定额、辅助用料、关键工序、MBOM 等），以及各级各类工艺文件的版本管理、更改与归档管理占有十分重要的地位和大部分工作量。其中，工艺数据的汇总、抄写等重复性劳动往往占全部工作量的 50%～60%，工艺数据的汇总统计等重复性劳动工作，不仅工作效率低，而且很难保证工艺文件的准确性、一致性。

在企业为了增强市场竞争力和快速响应市场的变化而采用信息化技术的环境下，仅仅实现工艺规程编制的计算机化难以满足企业信息化的需求。除了有方便的计算机辅助工艺规程编制功能外，更要包含对企业制造工艺信息及工艺工作流程进行快速有效的管理，实现产品工艺设计及管理一体化，建立企业完整的制造工艺信息系统。

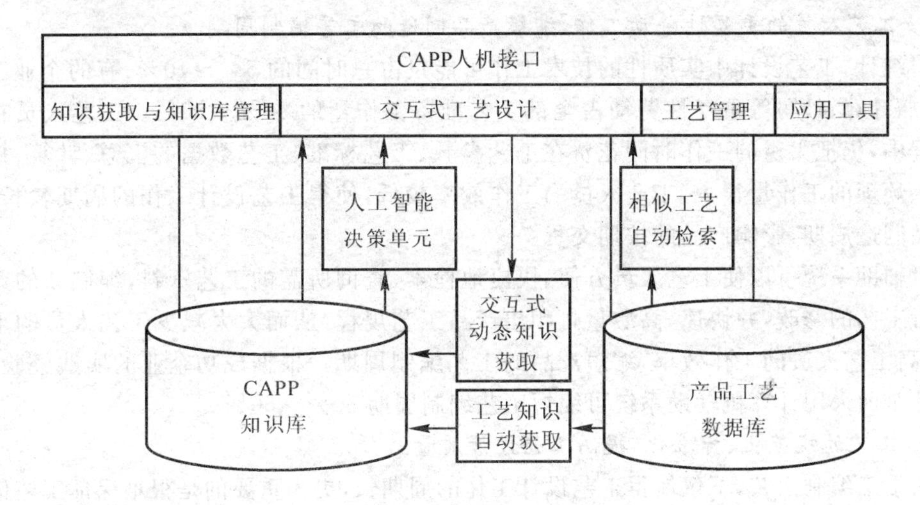

图 1.2 基于知识的交互式 CAPP 系统结构

一个企业中，完整的制造工艺信息系统以各专业工艺的计算机辅助设计为基础，实现基础工艺信息管理、面向制造的产品结构管理、材料定额编制、工艺分工与工艺设计流程管理、产品工艺数据综合管理等工艺管理功能以及与 CAD/CAM，PDM，ERP 的集成和资源共享。制造工艺信息系统的结构如图 1.3 所示。

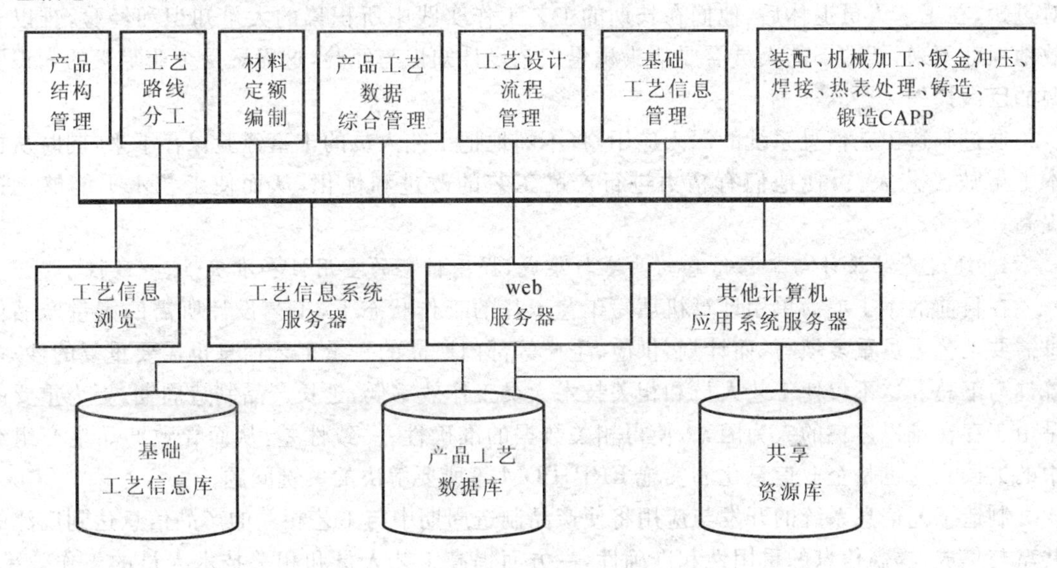

图 1.3 制造工艺信息系统结构

1.3.5 现代 CAPP 的应用效益与发展

企业制造工艺信息系统的开发与应用，将从下述 4 个方面解决企业工艺设计与管理中所存在的问题。

1. 减少工艺人员的重复性劳动工作，缩短产品制造的工艺编制周期

据资料统计，工艺设计中实质性的技术工作可能只占总时间的5%～10%；有的企业工艺数据的汇总、计算、抄写等重复性劳动占全部工艺准备工作量的50%～60%。工艺人员在工艺设计过程中，仍把大量的工作时间花费在工艺参数、工艺标准、工艺数据的汇总、计算、抄写上，重复性、烦琐的工作量很大，工艺人员的工作效率较低，使得工艺设计工作的周期较长，从而延长产品制造周期，影响产品的按期交货。

计算机辅助系统可以使工艺人员方便、快捷地检索、查询所需的工艺资料，编制新的产品工艺及进行工艺的修改，并快速、高质量打印出产品工艺规程，从而大大减少工艺人员的重复性劳动，提高工艺人员的工作效率，缩短产品的工艺编制周期。根据成功企业的实践经验，产品工艺设计全面采用计算机辅助系统可缩短工艺编制周期30%～60%。

2. 促进工艺的规范化、标准化，提高工艺设计质量

传统的手工编制工艺，不仅使得工艺设计工作的周期长，更为重要的是很难保证工艺信息和文件的准确性、一致性、规范化和标准化，工艺设计质量难以提高。工艺标准化有利于提高企业工艺工作的科学化、规范化水平，有利于推广先进的工艺技术和实现多品种、单件小批量生产的专业化、自动化，从而提高产品质量。

3. 通过工艺的不断优化和工艺经验的不断积累，使工艺水平能够得以迅速提高

烦琐而重复的密集型劳动会束缚工艺人员的设计思想，妨碍他们更好地开展创造性工作，难以进行工艺过程的优化。更为重要的是工艺人员的知识与经验的积累太慢，而服务时间相对过短，在工艺人员退休后，他们在长期的工艺工作实践中所积累的大量知识和经验，难以有效地保存下来，新的工艺人员需要从头积累工艺设计知识与经验，这无疑是企业宝贵的知识资源的巨大损失。

通过制造工艺信息系统的深入应用，将不断地把工艺人员的丰富经验保存下来，同时从根本上解放工艺人员，使他们有精力进行产品工艺的改进和优化，从而使工艺水平能够迅速提高。

4. 通过产品设计与工艺信息的共享与集成，提高信息的重用性和准确性、一致性

在目前的手工或简单用计算机填写工艺卡片的工作状态下，工艺设计所需的大量产品信息需要工艺人员重复填写，而计划、供应、生产等部门所需的大量工艺信息也需要重复的抄写、统计与汇总。这不仅使工艺人员和相关技术人员工作效率低，延长产品制造周期，更为重要的是由于存在难以避免的人为因素，使得相关数据的准确性、一致性差，从而导致产品生产组织中的失误。这也是企业信息化和实施 ERP，PDM 等所要解决的关键问题。

制造工艺信息系统的开发与应用将使产品制造周期中与工艺相关的产品信息达到广泛的共享与集成，提高信息的重用性和准确性，一方面提高工艺人员和相关技术人员的工作效率，另一方面，最大限度地避免人为造成的各种错误，保证产品相关数据的一致性，从而为 ERP，PDM 等的实施创造必要的条件。

当今，世界已进入了信息时代，制造业正面临着新的挑战，未来的制造是基于集成和智能的敏捷制造和“全球化制造”，未来的产品是基于信息和知识的产品，集成化、智能化、系统化、实用化、工程化已成为现代 CAPP 的发展方向。

从技术发展看，现代 CAPP 在新的开发模式、体系结构框架内，结合现代计算机、信息等

相关技术的进展，采用新的决策算法，发展新的功能，在并行、智能、分布、面向对象等方面进行着有益的尝试。

从工程应用看，现代CAPP的发展正在逐步体现现代先进制造思想，向工艺设计与工艺管理一体化的制造工艺信息系统发展。

第2章 CAPP基础技术

2.1 成组技术

2.1.1 成组技术基本原理

从广义上讲，成组技术(GT，Group Technology)就是将许多各不相同，但又具有相似性的事物，按照一定的准则分类成组，使若干种事物能够采用同一解决方法，从而达到节省人力、时间和费用之目的。长期以来，人们从经验中认识到，把相似的事物集中起来加以处理，可以减少重复性劳动和提高效率。这一类的例子几乎可以在各类工作和生活领域看到。所以，成组技术并不是一个全新的概念。然而，要在工作中自觉建立和应用这一概念，并使之科学化、系统化和形成一整套具有完整体系而又行之有效的技术，则是近40余年来新的发展。

成组技术的普遍原理可以适用于各个领域。在机械制造技术领域内，成组技术可定义为：将企业生产的多种产品、部件和零件，按照一定的相似性准则分类成组，并以这种分组为基础组织生产的全过程，从而实现产品设计、制造和生产管理的合理化及高效益。

成组技术的核心和关键是按照一定的相似性准则对产品零件的分类成组。因此，零件的相似性是应用成组技术的基础。

2.1.2 零件的相似性

每种零件都具有多种特征，正是这些特征的组合，才构成区别于其他种类零件的另一个零件品种。然而，许多零件的某些特征又可能相似或相同，这些相似或相同的特征，就构成了零件之间的相似性。

一种零件往往具有包括结构形状的、材料的、精度的、工艺的等多方面的许多特征，这些特征决定着零件之间在结构形状、材料、精度、工艺上的相似性。零件的结构形状相似性包括形状相似、尺寸相似，其中形状相似的内容又包括零件的基本形状相似、零件上所具有的形状要素(如外圆、孔、平面、螺纹、锥体、键槽、齿形等)及其在零件上的布置形式相似；尺寸相似是指零件之间相对应的尺寸(尤其是最大外轮廓尺寸)相近。零件的材料相似性包括零件的材料种类、毛坯形式及所需进行的热处理、表面处理相似；精度相似性则是指零件的对应表面之间精度要求的相似；零件工艺相似性的内容则包括加工零件各表面所用加工方法和设备相同、零件加工工艺路线相似、各工序所用的夹具相同或相似以及检验所用的量具相同或相似。

零件的结构形状、材料、精度相似性与工艺相似性之间密切相关。零件结构形状、材料、精度的相似性决定了工艺相似性。例如，零件的基本形状、形状要素、精度要求和材料，常常决定应采用的加工方法和机床类型；零件的最大外轮廓尺寸则决定了应采用的机床规格；等等。因此，有人把零件结构形状、材料、精度的相似性称为基本相似性，而把工艺相似性称为二次相似性。

零件的相似性是零件分类的依据。从企业生产的需要出发，可侧重按照零件某些方面的相似性分类成组(族)。

2.1.3　零件分类编码系统

零件分类编码系统(Classing and Coding System)在成组技术研究和应用中一直起着重要的作用，并被看做实施成组技术的一个重要工具。

所谓零件分类编码系统就是用符号(数字、字母)等对产品零件的有关特征，如功能、几何形状、尺寸、精度、材料以及某些工艺特征等进行描述和标识的一套特定的规则和依据。

1. 零件分类编码系统的总体结构

从总体结构来看，零件分类编码系统的结构有两种形式。

(1) 整体结构：整个系统为一整体，中间不分段。通常功能单一、码位较少的分类编码系统常用这种结构形式。

(2) 分段式结构：整个系统按码位所表示的特征性质不同，分成2～3段，通常有主辅码分段式和子系统分段式两种形式。分段式结构的分类编码系统在使用上具有较好的灵活性，能适应不同的应用需要。

2. 零件分类编码系统码位间的结构

分类编码系统各码位间的结构有3种形式。

(1) 树式结构(分级结构)：在树式结构中，码位之间是隶属关系，即除第一码位内的特征码外，其他各码位的确切含义都要根据前一码位来确定，如图2.1(a)所示。这种结构的每个特征码有很多分支，很像树枝形状，故称树式结构。树式结构的分类编码系统所包含的特征信息量较多，能对零件特征进行较详细的描述，但结构复杂，编码和识别代码不太方便。

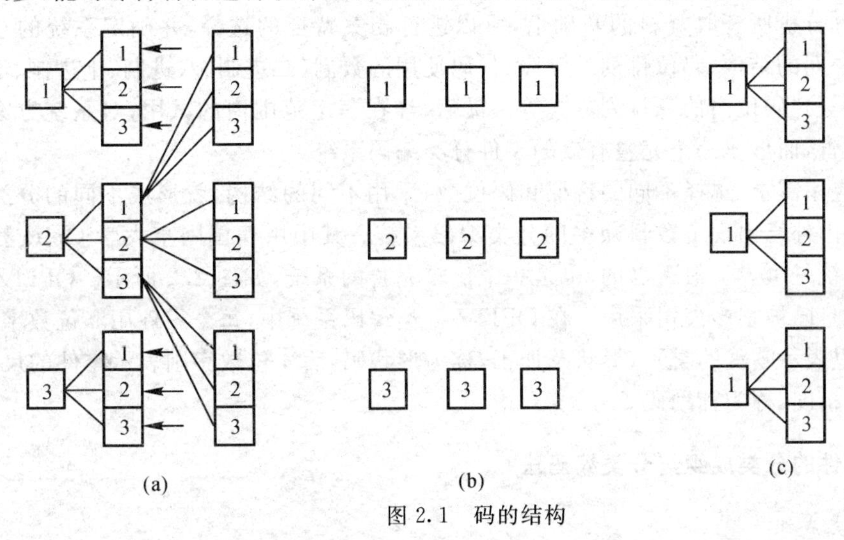

图2.1　码的结构

(2) 链式结构(并列结构、矩阵结构)：在链式结构中，每个码位内的各特征码具有独立的含义，与前后位无关，如图2.1(b)所示。这种结构形式像链条，故称链式结构。链式结构所包含的特征信息量比树式结构少，但结构简单，编码和识别也比较方便。OPITZ系统的辅助码就属于链式结构形式。

(3) 混合式结构:混合式结构是指同时采用以上两种结构,如图 2.1(c) 所示。大多数分类编码系统都采用混合式结构。

3. 零件特征的统计分析

零件的特征及其分布规律是建立分类编码系统重要的科学依据,因此,在建立零件分类编码系统之前,必须先完成对所有零件特征的调研分析。在此之前,应首先确定编码系统的用途,因为使用的目的不同,要求也会不同,从而直接影响相关特征的选择。例如,对于设计检索来说,加工公差是不重要的,但对于制造来说,加工公差却是一种重要特征。

通常一个企业(或行业)使用的分类编码系统应能简便而有效地反映本企业所有产品零件的有关特征。要获得本企业(或行业)零件特点及分布的资料,就要对零件进行统计分析,这是建立分类编码系统的一个重要步骤。例如,OPITZ 系统在研制时就曾对 26 个企业的 45 000 个零件进行了统计分析。

零件统计分析的内容一般有以下几方面:

(1) 零件的种类,如机械加工件、钣金件、焊接件等;

(2) 零件的形状、尺寸及其分布规律;

(3) 形状要素的出现规律和内在联系;

(4) 材料种类;

(5) 毛坯形式;

(6) 精度;

(7) 其他工艺特征(如加工方法、设备等)。

如果零件的种类很多,则不一定要对所有的零件都进行统计,可以选择一些具有代表性的零件,特别是本企业(或行业)主要产品的零件进行统计分析。但是统计的范围也不能太窄,零件种类不能太少。否则,将影响统计结果的准确性。

在零件统计分析所获取资料的基础上,可以进行相关特征的选择,并确定系统的总体结构、码位数、码位间的结构、码位排列的顺序、代码使用的数制(二进制、八进制、十进制、十六进制、字母数字型等)、码位内信息排列方式等。最后,经在一定范围内的试用,对系统方案进行修改、扩充和完善,而形成一个完整有效的零件分类编码系统。

针对不同应用需求,选择不同的特征和码位数,采用不同的结构,就形成不同的分类编码系统。至今,国内外已出现了数目众多的分类编码系统。其中由德国阿亨大学 Opitz 教授开发的 OPITZ 系统是世界上最著名的,也是一个比较完善的系统,如图 2.2 所示。OPITZ 系统简单且使用方便,已被很多公司采用。在 OPITZ 分类编码系统中,每个零件用 9 位数字描述:前 5 位数字用以表示零件的类别、形状及加工,称为形状码,后 4 位数字则表示零件的尺寸、材料、毛坯和加工精度,称为辅助码。

2.1.4 零件的分类成组与分类编码法

1. 零件分类成组

所谓零件分类成组,就是按照一定的相似性准则,将品种繁多的产品零件划分为若干个具有相似特征的零件组(族)。一个零件组(族)是某些特征相似的零件的组合。零件分类成组时,正确地规定每一组零件的相似性程度是十分重要的。相似性要求过高,则会出现零件组数过多,而每组内零件种数又很少的情况;相反,如果零件相似性要求过低,则难以取得实施成组

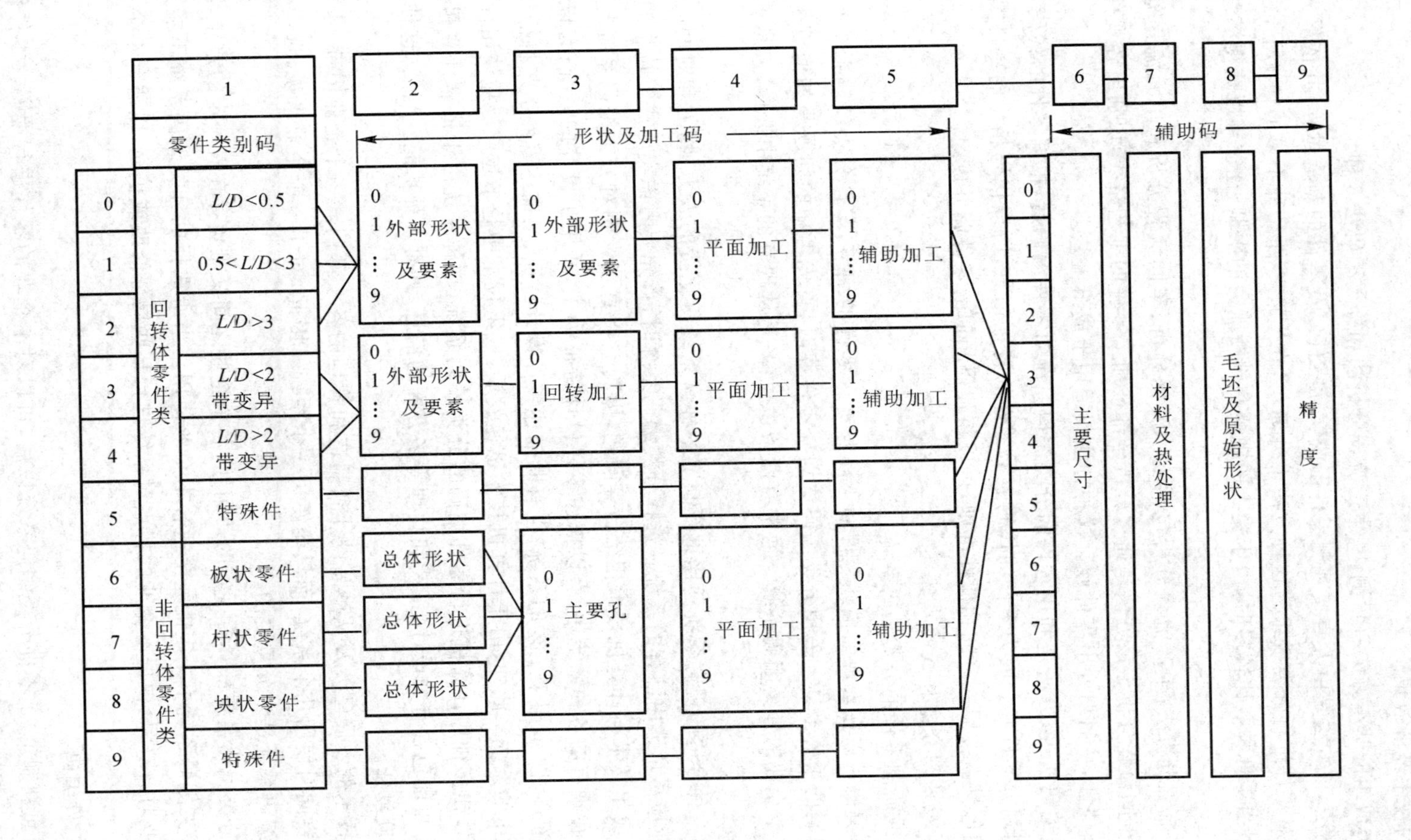

图2.2　OPTIZ分类编码系统结构

技术的良好的技术经济效果。

零件分类成组的基本方法有目测法、生产流程分析法和分类编码法 3 种。

(1) 目测法：该方法是由人直接观测零件图或实际零件以及零件的制造过程，并依靠人的经验和判断，对零件进行分类成组。这种方法十分简单，在生产零件品种不多的情况下，容易取得成功。但当零件种数比较多时，由于受人的观测和判断能力的限制，往往难以获得满意的结果。

(2) 生产流程分析法：生产流程分析包括工厂流程分析、车间流程分析和单元流程分析等，但通常指车间流程分析。该方法是通过分析全部被加工零件的工艺路线，识别出客观存在的零件工艺相似性，从而划分出零件族。这种方法仅适用于成组工艺。

(3) 分类编码法：该方法是利用零件的分类编码系统对零件编码后，根据零件的代码，按照一定的准则划分零件族。因为零件的代码表示零件的特征信息，所以代码相似的零件具有某些特征的相似性。按照一定的相似性准则，可以将代码相似的零件归并成组。

2. 分类编码法划分零件族的步骤

(1) 选择或研制零件的分类编码系统。

零件分类编码可以在宏观上描述零件而不涉及这个零件的细节，零件分类编码系统是进行零件分类编码的重要工具。采用分类编码法划分零件族时，首先考虑的问题是如何着手建立一套适用于本企业的分类编码系统。通常有两条途径：一是从现有的系统中选择；二是重新研制新的系统。

因为选用一种合适的现有系统远比重新制定一种新系统所化费的人力、物力和时间要少得多，因此企业应尽量选用已有的系统。选择分类编码系统时，首先要考虑实施成组技术的目的和范围以及成组技术与计算机技术相结合等问题，因为它将直接影响对分类编码系统复杂程度的选择。在现有的各种系统中，有以描述零件设计特征为主，适用于设计的系统；有以描述零件工艺特征为主，适用于工艺的系统；也有既描述零件设计特征、又描述零件工艺特征，设计和工艺均适用的系统。此外，由于计算机技术迅速发展，成组技术中越来越广泛地使用计算机。目前已开发出多种用计算机进行零件编码的分类编码系统，这种系统由于依靠计算机进行信息处理，有可能包含有关设计、工艺和管理等多方面的信息，具有多种功能。当然，这种系统本身也就比较复杂。

目前成组技术的发展已涉及从产品设计到制造和管理的各个部门。一个企业内部，不能为满足不同需要同时使用几个系统，而只能使用一个系统。因此，对于一个企业来说，选择一个合适的分类编码系统是十分重要的。

由于每种分类编码系统都具有一定的适用性，各个企业之间又难免存在着一定的差异，因此，所选择的分类编码系统不一定能完全适合本企业使用。当所选择的分类编码系统不能完全适用于本企业时，往往是根据本企业的特点对系统进行某些局部修改或扩充，以适合本企业使用。

(2) 进行零件编码。

在选定(或重新制定)了零件分类编码系统以后，可以对本企业的零件进行编码。零件编码有人工编码和计算机编码两种方式。

手工编码，即由人根据零件分类编码系统的编码法则，对照零件图，编出零件的代码。这种方法编码的速度较低，它与编码系统本身的结构、零件图的复杂程度和编码人员的技术水平有关。手工编码的出错率较高，因为在编码过程中受到人的主观判断因素影响较大。

计算机编码，需要一套计算机编码软件。例如，MICLASS分类编码系统，配有人机对话型的零件编码程序。编码时，编码人员只须逐一回答计算机所提出的一系列逻辑问题，计算机便能自动地编出零件的代码。计算机所提问题的数目，随着零件复杂程度不同而不同。对于如图2.3所示回转体零件，若采用OPITZ系统进行分类编码，其结果如图2.4所示。

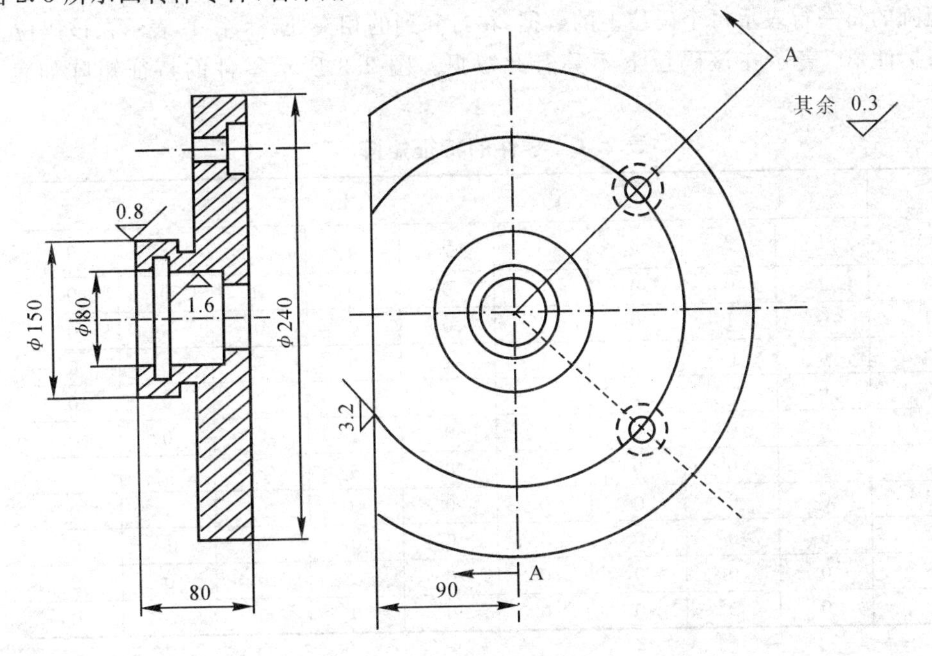

图2.3　回转类零件

零件名称：法兰盘　　零件材料：45钢

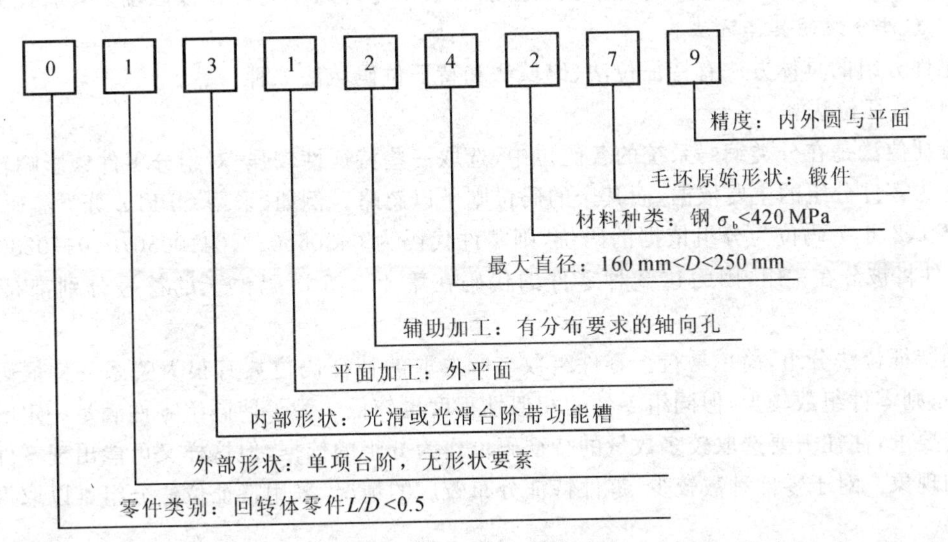

图2.4　按OPITZ系统编码

(3) 按照一定的准则，根据零件代码划分零件族。

零件编码后，就可以利用零件代码，按照一定的准则，将零件分类成组。零件分组可以手工分组，也可计算机辅助分组。手工分组，工作量大，效率低，易出错；计算机辅助分组，能大大减轻人的劳动，提高分组效率和准确性。许多零件分类编码系统配有计算机辅助分组软件，用户只要输入待分组零件的代码及零件族的特征信息，就可得到零件分组结果。

在计算机辅助分类成组系统中，通常用零件特征矩阵表示零件代码，用零件族特征矩阵表示零件族。零件特征矩阵就是零件代码用矩阵形式表示，其建立方法是：矩阵的每一列表示一个码位，矩阵的每一行表示每个码位上的数据，在行和列的相交处，标注"1"表示在该码位上具有此数据；标注"0"表示在该码位上不具有此数据。图 2.3 所示零件的特征矩阵如表 2.1 所示。

表 2.1　零件的特征矩阵

代码	码位								
	1	2	3	4	5	6	7	8	9
0	1	0	0	0	0	0	0	0	0
1	0	1	0	1	0	0	0	0	0
2	0	0	0	0	1	0	1	0	0
3	0	0	1	0	0	0	0	0	0
4	0	0	0	0	0	1	0	0	0
5	0	0	0	0	0	0	0	0	0
6	0	0	0	0	0	0	0	0	0
7	0	0	0	0	0	0	0	1	0
8	0	0	0	0	0	0	0	0	0
9	0	0	0	0	0	0	0	0	0

零件族特征矩阵的建立方法，其基本原理同零件特征矩阵。在行和列的相交处，标注"1"表示零件族允许在该码位上具有此数据；标注"0"表示零件族不允许在该码位上具有此数据。

3. 零件分组的具体方法

零件分组的具体方法有特征位法、码域法和特征位码域法 3 种。

(1) 特征位法。

特征位法是在分类编码系统的各码位中，选取一些特征性较强、对划分零件族影响较大的码位作为零件分组的主要依据，而其余的码位则予以忽略。例如，采用 OPITZ 分类编码系统，选定第 1,2,6,7 码位为分组依据的码位，则零件代码为 043063072,041003070,047023072 的 3 种零件将被分在一组，因为这 3 种零件的代码在第 1,2,6,7 码位上的符号分别都是 0,4,3,0。

用特征位法分组，简单易行。零件组数与所选取的特征码位数有很大关系。特征码位数选得少，则零件组数较少，但同组零件的相似性程度也较低。为了使同组零件满足一定的相似性程度要求，往往需要选取较多数量的特征码位作为分组的依据，但这样又可能出现零件组数过多的现象。对于零件种数较少，零件特征分布较广的情况，采用特征位法分组难以取得满意的结果。

(2) 码域法。

码域法是对分类编码系统中各码位的特征项规定一定的允许范围，作为零件分组的依据。仍以 OPITZ 分类编码系统为例，假设某零件族允许各码位的范围如下：

第1码位:1,2(0.5 $< L/D <$ 3 或 $L/D >=$ 3 的回转体零件);

第2码位:0,1,2,3(外形光滑或单向台阶);

第3码位:0(无内孔);

第4码位:0,1,2,3(无平面加工或有外部的平面加工);

第5码位:0(无辅助孔);

第6码位:0,1,2,3($D \leqslant 160$);

第7码位:2,3,4,5,6(钢材料);

第8码位:0,1(圆棒料);

第9码位:0,1(没有精度要求或外形有精度要求)。

采用码域法分组零件组数和同组零件的相似性程度与所规定的码域大小密切相关。码域规定得小,则同组零件相似性程度高,但零件组数也多。一种极端的情况是每码位允许一项特征数据,这等于要求同组的零件代码完全相同。码域法分组时,由于码域大小的变化范围较大,并且对于每一零件族可根据零件的具体情况和具体生产条件规定不同的码域,因此分组的适用性较广。

(3) 特征位码域法。

特征位码域法是由特征位法和码域法结合而成的一种分组方法。它既要选取某些特征性较强的特征码位,又要对所选取的特征码位规定允许的特征数据的变化范围,以此作为零件分组的依据。

用特征位码域法分组,可以针对不同的具体情况,选取不同的特征码位和规定不同的码域,因此分组的灵活性大,适用性广。特别是当所使用的分类编码系统的码位数较多时,用码域法分组必须对系统中所有码位规定码域,而用特征位码域法分组,则因可以忽略某些对分组影响不大的码位,可使分组工作简化。

2.2　CAPP基本内容

2.2.1　产品零件信息描述

目前,CAPP系统中所采用的产品零件信息描述方法有3类:零件分类编码法、零件表面元素描述法、零件特征描述法。

1. 零件分类编码法

零件分类编码系统是进行零件分类编码的重要工具。零件分类编码可以在宏观上描述零件而不涉及该零件的细节,是修订式CAPP系统主要采用的方法。

采用零件分类编码法描述零件,即使采用较长码位的分类编码系统,也只能达到“分类”的目的。对于一个零件究竟由多少形状要素组成,各个形状要素的本身尺寸及相互间位置尺寸是多大,它们的精度要求又如何,零件分类编码法都无法解决。因此,如果在工艺决策时需要对零件进行详细描述,则必须补充输入所需信息,或者采用其他描述方法。

2. 零件表面元素描述法

零件表面元素描述法是可以对零件进行详细描述的一种方法,早期的生成式CAPP系统都采用这种方法。在这种方法中,任何一个零件都被看成是由一个或若干个表面元素组成,这些表面元素可以是圆柱面、圆锥面、螺纹面等。例如，光滑钻套由一个外圆表面、一个内圆柱表面和两个端面组成，单台阶钻套由两个外圆表面、一个内圆表面和三个端面组成。

在运用表面元素描述法时，首先要确定适用的范围，然后着手统计分析该范围内的零件由哪些表面元素组成，即抽取零件表面元素。对于回转体零件，一般把外圆柱表面、内圆柱表面、外锥面、内锥面等称为基本表面元素，把位于基本表面元素上的沟槽、倒角、辅助孔等表面元素称为附加表面元素。

在对具体零件进行描述时，不仅要描述各表面元素本身的尺寸及其公差、形状公差、粗糙度等信息，而且需要描述各表面元素之间位置关系、尺寸关系、位置公差要求等信息，以满足 CAPP 系统对零件信息的需要。

3. 零件特征描述法

随着特征技术及 CAD/CAPP/CAM 集成技术的发展，在 CAPP 系统中更多地采用了特征描述法。

(1) 零件特征。

特征技术起源于 CAD，CAPP，CAM 等各种应用对产品信息的需求，是 CAD/CAPP/CAM 集成系统的核心技术。尽管对于特征这一术语的定义由于应用和着眼点的不同而有差异，但都与某个应用的局部信息相关联。

在 CAPP 应用中，常常把单个特征表示为以形状特征为核心，由尺寸、公差和其他非几何属性共同构成的信息实体。

(2) 回转体零件的描述。

回转体零件一般包含沿轴线分布的构成零件主体的若干主要特征，称其为基本特征，如外螺纹、外圆面、内圆面都可以归入基本特征，而其他依附于基本特征的那些形状特征，称其为附加特征，如倒角、环槽、键槽、径向辅助孔、轴向辅助孔、滚花等。

在对零件的描述中，不仅要描述单一特征，而且要描述各特征间的相互关系，如尺寸关系等。

对于图 2.5 所示的回转体零件，其描述可表示如下：

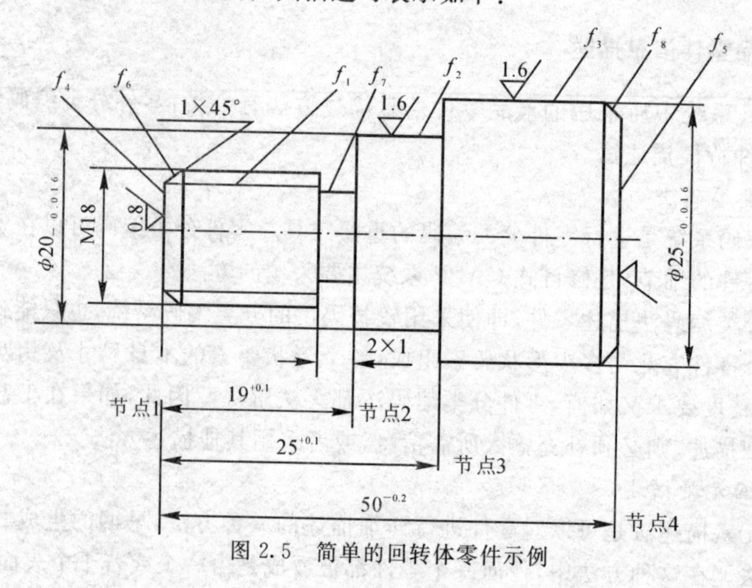

图 2.5　简单的回转体零件示例

part(“MJ－5081－3”,“轴颈”,50钢,局部高频淬火,53～58HRC)
feature(f_1,外螺纹,18,节点1,节点2)
feature(f_2,外圆,20,0,－0.016,1.6,节点2,节点3)
feature(f_3,外圆,25,0,－0.016,1.6,节点3,节点4)
feature(f_4,端面,0.8,节点1)
feature(f_5,端面,0.8,节点4)
feature(f_6,外倒角,1,45,节点1)
feature(f_7,外退刀槽,2,1,节点2)
feature(f_8,外倒角,1,45,节点4)
dimension(1,节点1,节点2,19,0.1,0)
dimension(2,节点1,节点3,25,0.1,0)
dimension(3,节点1,节点4,50,0.2,0)

(3) 箱体件等非回转体零件的描述。

在非回转体零件描述中,通常将加工方位作为描述特征的一个重要参数。对于较为规则的箱体类零件,可划分为6个加工方位,即 Z 轴正向、Z 轴负向、X 轴正向、X 轴负向、Y 轴正向、Y 轴负向。对于复杂的非回转体零件,可根据需要,附加定义其他的加工方位。

2.2.2 工艺决策过程

工艺设计过程涉及的内容很多,如加工方法选择、工序生成、工序排序、工艺尺寸计算、工艺卡片生成等等。除工艺尺寸计算、工时定额计算等少量的数值计算工作外,大多数内容属于逻辑决策性工作,即为工艺决策。显然,工艺设计过程实际上就是一个不断进行工艺决策的过程。

不同类型的CAPP系统,其工艺决策的原理或方法是不一样的。例如,在交互式CAPP系统中,主要由人完成各种工艺决策活动;而修订式CAPP系统则通过检索相似零件的工艺规程并加以编辑完成一个新零件的工艺规程编制,即工艺决策活动由计算机和人共同完成;在生成式CAPP系统中,通过将各种工艺决策方法和决策过程建立为计算机可处理的决策模型,从而依靠CAPP系统进行工艺决策,自动生成零件的工艺规程。

通过分析传统的工艺设计过程,并结合CAPP工作原理,可将工艺决策的内容和过程描述如下:

(1) 工艺特征分析。

确认零件的类型以及该零件由哪些表面元素或特征构成,分析在具体制造环境下零件的可加工性,确定每种表面元素或特征的主要加工方法等。

(2) 加工方法选择。

机械加工零件不管多么复杂,都可以看成是由各种表面元素或特征构成的。因此,各种表面加工方法的选择就是工艺过程设计的基础。每一种表面元素一般要经过不同的加工工序来达到零件的设计要求,因此加工方法的选择实际上是加工工序序列的选择。一个表面元素的加工工序系列可表示为

$$S=\{P_1,f_1,P_2,f_2,\cdots,P_n,f_n\}$$

即从毛坯形状开始,需要首先采用加工方法 P_1 加工出中间形状 f_1,接着再用加工方法

P_2 加工出中间形状 f_2，…，直到采用加工方法 P_n 加工出符合图纸要求的表面元素 f_n 为止。

通过加工方法选择所形成的加工序列称为加工链。在工艺设计过程中，加工方法与表面元素是紧密相关的，因此我们可以把表面元素及所采用加工方法等统称为加工元（参见第 5 章）。加工元是工步的基本组成单位，是形成工步的基础。

(3) 工序生成。

以所选择的各表面的加工链为基础，考虑表面元素或特征的方位、类型、加工方法的性质等因素，从而确定哪些表面可以或应该放在同一道工序中加工，从而形成一道道工序。所生成的工序仅包含所要加工的表面和相应的加工方法。

(4)工序排序。

工序排序就是确定各加工工序的先后顺序。经过工序生成步骤虽然形成了一道道工序，但它们还是无序的，必须经过工序排序才能形成合理的工艺路线。因此工序排序也称为工艺路线设计。

工序排序是工艺过程设计的重要环节，要考虑的因素很多，处理的方法在生产实践中更灵活。对当前人工设计实践的初步分析表明，这一决策过程具有分级、分阶段性质，即分级、分阶段地考虑几何形状、技术要求、工艺方法，按经济性或生产率为指标的优化要求等约束因素，排出合理的工序顺序。例如，工艺路线设计阶段的流程可以用图 2.6 示意。

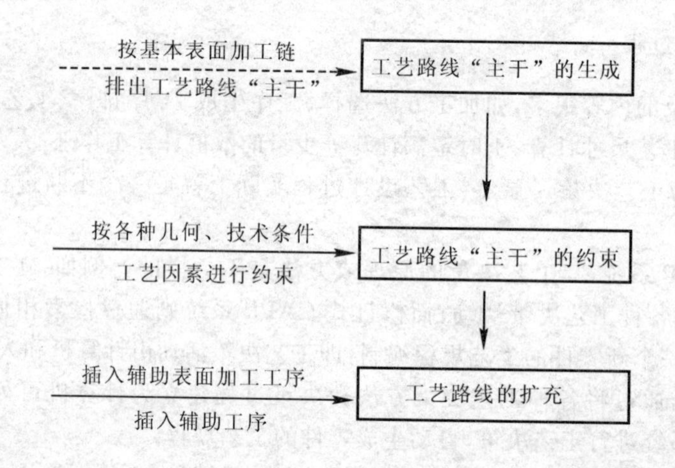

图 2.6　工艺路线设计

(5)工序详细设计。

对于机械加工工序来说，工序设计的内容包括：

- 机床选择；
- 工艺装备（刀具、夹具、量具等）选择；
- 工步内容和次序安排；
- 加工余量的确定；
- 工序尺寸的计算及公差的确定；
- 切削用量的选择；
- 时间定额计算；
- 加工费用估算；

· 工序图的生成。

在开发具体的CAPP系统时，工序设计的内容可根据实际要求，包括上述内容的一部分或大部分。可以看出，工序设计的内容其性质是多样的、复杂的，既包括需要逻辑决策的选择性任务，也包括数值计算工作，还包括工序图的生成等非决策性工作。

(6)设计结果输出。

通过上述决策过程之后就形成了一个零件的完整工艺过程，设计结果则存储于数据库中，称为工艺数据或工艺信息。这样，可根据需要随时按规定格式输出各种所需工艺文件。

2.2.3　工艺尺寸计算

工艺尺寸计算是制定工艺过程的重要内容之一。目前，虽然国内外已研制开发了很多CAPP系统，但是大多数系统缺少工艺尺寸计算功能。

工艺尺寸计算一般按尺寸链原理求解，其内容包括尺寸链的确定、加工余量的选择、工序尺寸公差的确定及工序尺寸的计算。一般采用“由后向前推”的方法，即先按零件图的要求确定最终工序的尺寸及公差，再按选定的加工余量推算出前道工序的尺寸，其公差则按该工序加工方法的经济精度给出。

对于简单的工序尺寸(如加工艺基准不变换时的轴向尺寸、表面本身尺寸等)，计算比较简单。但当工序设计中存在基准转换(工艺基准与设计基准不重合)时，就要采用工艺尺寸链原理进行工序尺寸计算。例如，对于非回转体零件，虽然尺寸较多，但在加工过程中，一般采用同一基准或互为基准的方法保证位置尺寸，所以容易计算；而对于回转体零件，工艺尺寸计算包括径向尺寸(含表面本身尺寸)计算和轴向尺寸计算。径向尺寸及公差的确定比较简单；轴向尺寸，尤其是对于位置尺寸较多、工序较长的复杂零件，由于多次转换基准，工序尺寸计算及公差的确定非常复杂，并且容易出错。

在手工设计工艺规程时，通常采用“尺寸图表法”计算工艺尺寸。这种方法也可以通过设计成计算机算法以便程序实现，但是这种方法在查找尺寸链组成环时比较麻烦，当尺寸关系复杂、工序较多时容易出错。

下面介绍工艺尺寸链树形图求解法，简称尺寸树法。尺寸树法仍然以尺寸链理论为依据，但它利用树形图抽象地描述各表面间的尺寸联系，而舍去了几何关系和实际尺寸的大小，所以更加简练、明晰，其算法也更简单，且不容易出错。该法适合于任何类型零件的工艺尺寸计算。

把零件的表面作为节点，把表面间的尺寸作为边来构造无向树形图——尺寸树，则

$$G = (V, E)$$

其中，V 是节点的集合，E 是边的集合。

下面以图2.7所示衬套零件及其工艺路线为例，介绍尺寸链树形图求解法。

1. 形成加工过程图

加工过程图是根据工序、工步顺序，采用“由后向前推”的方法，依次加上工序加工余量后所形成的图形，如图2.8所示。在形成加工过程图时，必须首先确定一个方向作为尺寸端点表面编号的方向，即各尺寸端点表面号必须按一定方向编排。例如，对于回转体零件一般采用从左至右的方向为表面编号增序方向。在加工过程图形成之后，就要对各尺寸端点表面进行编号。为说明方便起见，将表面号从左至右按自然数排序。图中，S_1，S_2，S_3，S_4 为设计尺寸；A_1，A_2，…，A_{11} 为工序尺寸；A_{12}，A_{13}，A_{14} 为毛坯尺寸；Z_1，Z_2，…，Z_{10} 为加工余量。

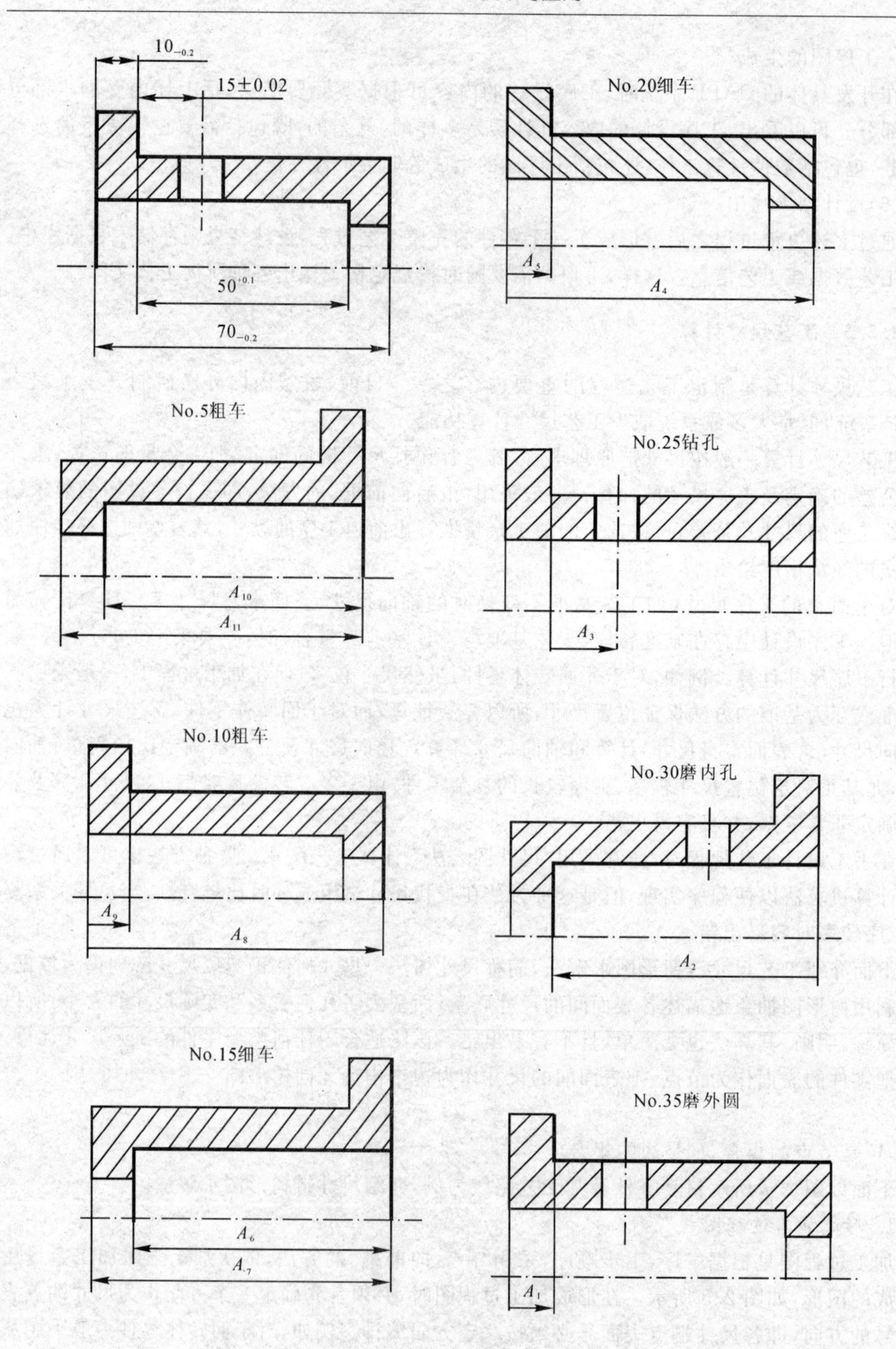

图 2.7　衬套零件及其工艺路线

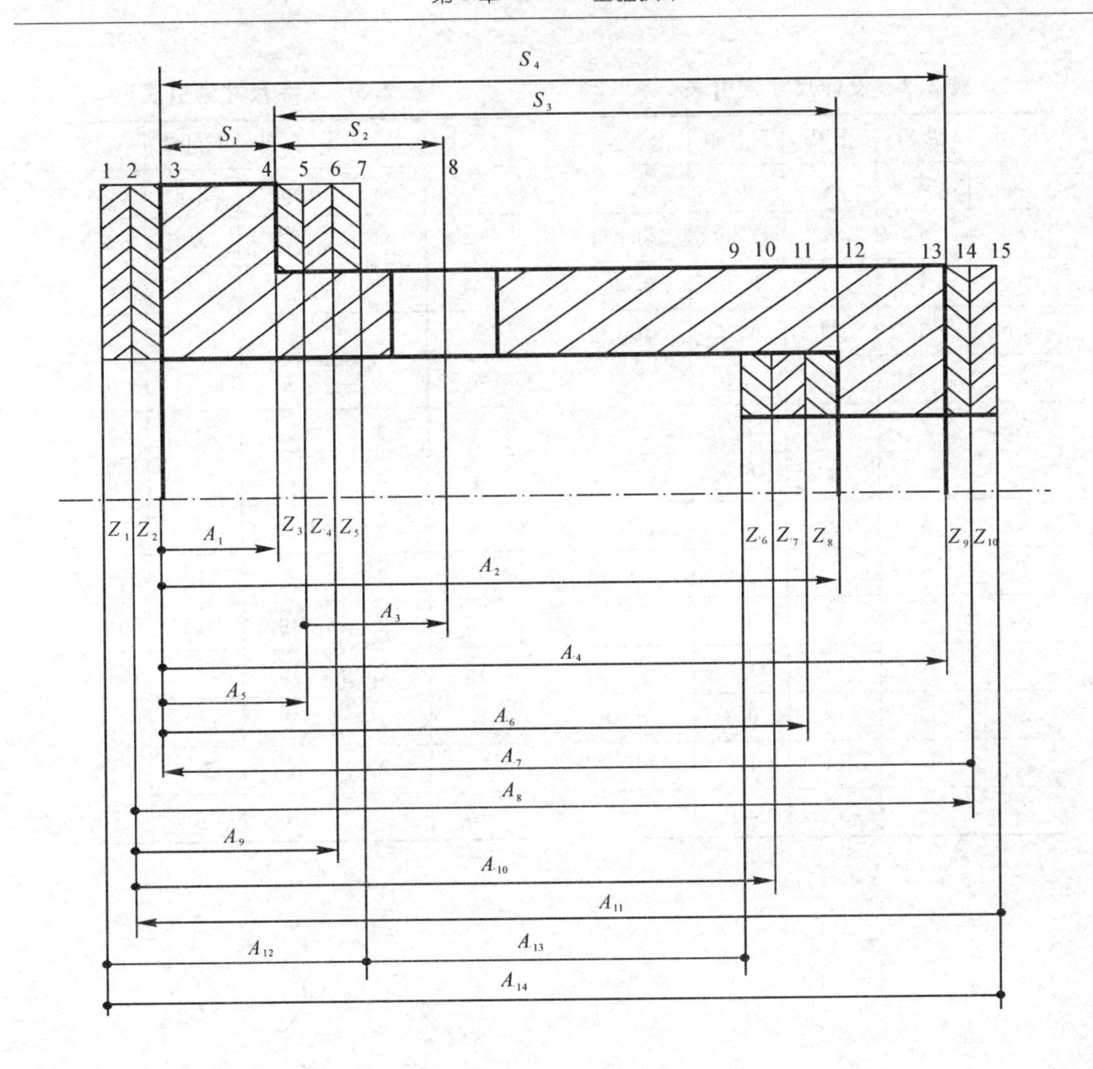

图2.8　加工过程图

2. 建立设计尺寸树和工序尺寸树

首先将图2.8所示尺寸分为两类:设计尺寸(包括余量)和工序尺寸,并分别建立设计尺寸索引表和工序尺寸索引表,如表2.2和表2.3所示。

在表2.2中,为简化算法,设计尺寸取平均值,公差为对称偏差,余量是按加工方法查表确定的。在表2.3中,尺寸和公差两项的值通过求解工序尺寸和确定工序尺寸公差而得到。

由表2.2和表2.3可分别建立设计尺寸树和工序尺寸树。根据需要,任何尺寸的两个端点之一均可作为尺寸树的根节点,然后通过搜索尺寸索引表2.2和表2.3建立相应尺寸树,如图2.9和图2.10所示。我们知道,树形图的重要性质之一是任意两点之间有且仅有一条路径,这正是该算法的根据所在。因此,根据尺寸树很容易求出任一封闭环的组成环。

表 2.2 设计尺寸索引表

尺寸	始码	止码	尺寸值	公差
S_1	3	4	9.9	±0.1
S_2	4	8	15.0	±0.2
S_3	4	12	50.05	±0.05
S_4	3	13	69.9	±0.1
Z_1	1	2	3.0	
Z_2	2	3	1.0	
Z_3	4	5	0.3	
Z_4	5	6	0.7	
Z_5	6	7	3.0	
Z_6	9	10	3.0	
Z_7	10	11	1.0	
Z_8	11	12	0.3	
Z_9	13	14	1.0	
Z_{10}	14	15	3.0	

表 2.3 工序尺寸索引表

尺寸	始码	止码	尺寸值	公差
A_1	3	4	9.9	±0.026
A_2	3	12	59.95	±0.024
A_3	5	8	14.7	±0.065
A_4	3	13	69.9	±0.1
A_5	3	5	10.2	±0.109
A_6	3	11	59.65	±0.095
A_7	3	14	70.9	±0.095
A_8	2	14	71.9	±0.15
A_9	2	6	11.9	±0.075
A_{10}	2	10	59.65	±0.15
A_{11}	2	15	74.9	±0.15
A_{12}	1	7	17.9	
A_{13}	7	9	58.35	
A_{14}	1	15	77.9	

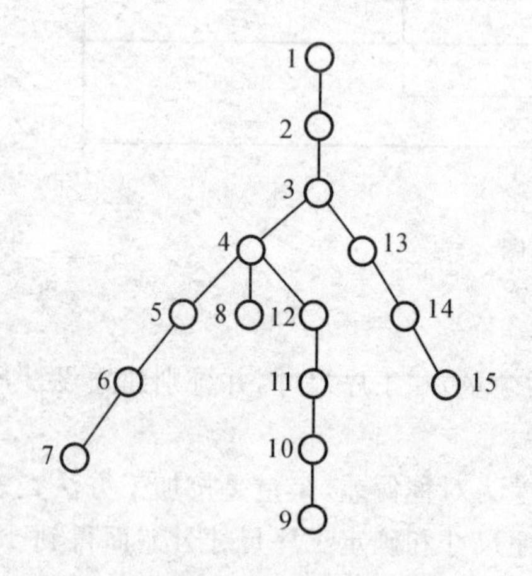

图 2.9 设计尺寸树

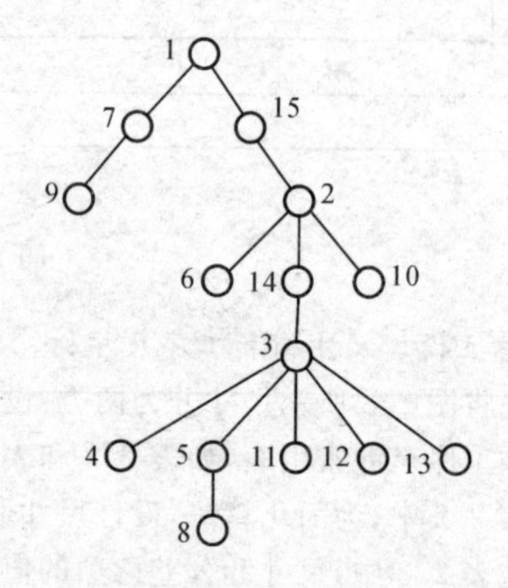

图 2.10 工序尺寸树

工序尺寸树反映了实际的尺寸保证关系。设计尺寸和加工余量是封闭环，由工序尺寸保证，因此根据工序尺寸树可以确定工序尺寸的公差。但工序尺寸的大小却需要根据设计尺寸树来确定，其中工序尺寸是封闭环。

在求出组成环后，还要判断它们是增环还是减环。如果组成环的表面号排列为升序，则该环为增环，否则为减环。

例如，如果要计算工序尺寸 A_6，其表面号为(3,11)，则沿设计尺寸树查找从节点 3 到节点

11 的路径，它是由 $S_1(3,4)$，$S_3(4,12)$ 和 $Z_8(12,11)$ 三个组成环构成。其中 $S_1(3,4)$，$S_3(4,12)$ 的表面号沿上述路径为升序，所以都是增环；而 $Z_8(12,11)$ 的表面号沿上述路径为降序，所以是减环，即有

$$(3,11)=(3,4)+(4,12)-(12,11)$$

或

$$A_6=S_1+S_3-Z_8$$

其正确性是显然的(参见图 2.8)。

3. 求解工序尺寸

根据设计尺寸树就可以很方便地求解工序尺寸。利用深度优先搜索或宽度优先搜索，可查找每个工序尺寸的组成环。例如

$$A_3(5,8):(5,4)+(4,8)$$

在此需要说明如何判断增减环。为了统一和简化规则，规定封闭环尺寸的起码、止码总是按序号的大小顺序排列，如 $A_1(3,4)$，$A_7(3,14)$。有此规定，增减环的判断就非常简单，即尺寸链中凡组成环的顺序为升序(从小到大)者，就是增环；反之，则为减环。这样，在判断每一组成环的增减性质后，分别赋予正、负号即可。例如

$$A_3(5,8):-(5,4)+(4,8)=-0.3+15=14.7$$

但要注意的是，在查找某一工序尺寸的路径时，其起码、止码也应从小到大。因为只有这样，才能保证表面号位置顺序仍保持规定的方向。

所求得的毛坯尺寸可用来验证查得的毛坯总余量是否合理。

此外，程序设计时也可按带权邻接矩阵计算，其算法更加简单。

4. 确定工序尺寸公差

工序尺寸公差的确定按以下步骤进行：

(1) 根据经济加工精度，查标准公差表，确定各工序尺寸公差(采用对称偏差)。

(2) 根据设计尺寸树，查找每一工序尺寸的组成环。若只有一环，则该工序直接保证设计尺寸(如 A_1 直接保证 S_1)，工序尺寸公差由设计尺寸公差替代。

(3) 为确保设计尺寸的精度要求，还需要进行公差校核。首先对每一设计尺寸在工序尺寸树中查找组成环，例如：

$$S_2(4,8):(4,3)+(3,5)+(5,8)$$

若各组成环公差之和小于设计尺寸公差，则满足要求。否则，应压缩组成环公差。为使公差压缩尽量合理，压缩组成环公差可采取下列简单、实用的方法。

1)若某组成环公差满足条件

$$t>T_{\min}$$

其中，$T_{\min}$ 为该工序加工方法能达到的最小公差，则可压缩其公差。但压缩后的公差不能小于 $T_{\min}$。$T_{\min}$ 因加工方法而异，如粗磨端面时，$T_{\min}=\pm0.05$，精磨端面时，$T_{\min}=\pm0.015$。

2)尺寸链若有两个组成环，则压缩公差为其较大者；若多于两个组成环，则压缩其中两个公差最大者。公差压缩系数为 0.8，直至组成环公差总和小于设计尺寸公差。例如，设计尺寸 S_3 的公差为 ±0.05，而

$$S_3(4,12):(4,3)+(3,12)=0.066+0.037=0.103$$

则应压缩组成环公差。经压缩后各环公差：$A_4(4,3)$ 为 0.053，$A_2(3,12)$ 为 0.037。

压缩后公差总和为

$$(4,3)+(3,12)=0.053+0.037=0.090$$

若各组成环公差压缩至 T_{min} 后仍不能满足要求，则认为工艺路线不合理。

5. 余量校核

由工序尺寸树查找各余量的尺寸链，则各组成环公差之和即为余量变化范围。例如：

$$Z_4(5,6):(5,3)+(3,14)+(14,2)+(2,6)$$

然后可根据下面关系式校核余量

$$Z_{min} \leqslant Z_i - T/2 \leqslant Z_{max}$$

其中，Z_i 为 i 工序余量，T 为余量变化范围（$\pm t$），Z_{min} 为保证工序尺寸的最小必需余量，Z_{max} 为工序的最大限定余量。Z_{min} 和 Z_{max} 的大小因加工方法而异，例如：

磨端面：$Z_{min}=0.15, Z_{max}=1.0$；

精车端面：$Z_{min}=0.40, Z_{max}=3.0$。

如果最小余量小于 Z_{min}，或者最大余量大于 Z_{max}，则可适当增加或减小公称余量，但调整后的余量 Z_c 必须满足条件

$$Z_{min} \leqslant Z_c \leqslant Z_{max}$$

否则，认为余量变化的范围过大，应压缩有关组成环公差。若经压缩后仍不能满足要求，就应该修改工艺路线。

表 2.3 所示为示例零件的工序尺寸及公差计算结果。

工艺尺寸链树形图求解法适用于任何复杂零件，并且算法简单可靠，容易实现，是一种行之有效的方法，值得推广。

2.3　修订式 CAPP 系统

2.3.1　修订式工艺决策的原理

修订式工艺决策的基本原理是利用零件的相似性，即相似的零件有相似的工艺过程；一个新零件的工艺规程，是通过检索相似零件的工艺规程并加以筛选或编辑修改而成的。

相似零件的集合称为零件族。能被一个零件族使用的工艺规程称为标准工艺规程或综合工艺规程。标准工艺规程可看成是为一个包含该族内零件的所有形状特征和工艺属性的假想复合零件而编制的。根据实际生产的需要，标准工艺规程的复杂程度、完整程度各不相同，但至少应包括零件加工的工艺路线（加工工序的有序序列），并以族号作为关键字存储在数据文件或数据库中。

在标准工艺规程的基础上，当对某个待编制工艺规程的零件进行编码、划归到特定的零件族后，就可根据零件族号检索出该族的标准工艺规程，然后加以修订（包括筛选、编辑或修改）。修订过程可由程序以自动或交互方式进行。

2.3.2　修订式 CAPP 系统的开发

修订式 CAPP 系统的开发可大致划分为下述 5 个阶段。

1. 选择分类编码系统

分类编码系统的选择，应以对本企业所生产的各种产品零件进行全面的种类“频谱”分析

以及几何形状、工艺属性分析为基础。最好选用现有的比较成熟的系统。但如果现有系统不能完全适合本企业产品零件的要求，则可以对该系统进行修改或补充。

2. 划分零件族

将划定范围内的零件进行编码，并把它们划分为各个零件族。所划定的零件范围可以是整个企业的全部零件，也可以是部分零件，或者是某些车间生产的零件，但一般来说，先从部分零件或容易做的零件开始。划分零件族的原则是：以制造过程相似性为主，兼顾零件几何形状的相似性。划分的过程可以由计算机辅助进行。

3. 编制标准工艺规程

标准工艺规程一般需要在总结现有工艺规程的基础上进行编制，所编制的工艺规程代表全零件族的加工工艺，因此应满足族内所有零件的要求。标准工艺规程的编制对CAPP系统的性能有着决定性的影响，因此和分类编码工作一样，都有较大的工作量。

4. 标准工艺规程数据库结构设计

数据库结构的设计应充分考虑检索的方便，其存储方式可以采用数据库系统，也可以存储在数据文件中，这主要取决于信息量的大小。

5. 系统程序设计、编码、调试与试运行

这个阶段可以采用数据库管理系统进行程序设计，也可以采用通用性语言。但不论采用什么方法和语言进行程序设计，数据库的基本结构可以保持相同的形式。

对于某些类型零件，可以不需要采用专门的分类编码系统及划分零件族的方法，这能够大大减少系统开发的工作量。如轴承件，由于其系列化程度高，在一系列的一定范围内，同类零件的形状不仅基本相同，且工艺过程也很相似，自然形成了一个个典型的零件族。此外，轴承代号中含有多项技术信息，可以作为检索和决策的依据，因而也就没有必要采用另外的分类编码系统对零件进行编码分类。

2.3.3 修订式CAPP系统的应用

修订式CAPP系统开发完成后，工艺人员就可以使用该系统为实际零件编制工艺规程。具体步骤如下：

(1) 按照采用的分类编码系统，对实际零件进行编码。

(2) 检索该零件所在的零件族。

(3) 调出该零件族的标准工艺规程。

(4) 利用系统的交互式编辑界面，对标准工艺规程进行筛选、编辑或修订。有些系统则提供自动修订的功能，但这需要补充输入零件的一些具体信息。

(5) 将修订好的工艺规程存储起来，并按给定的格式打印输出。

修订式CAPP系统的应用，不仅可以减轻工艺人员编制工艺规程的工作，而且相似零件的工艺过程可达到一定程度上的一致性。此外，从技术上讲，修订式CAPP系统容易实现，因此，目前国内外实际应用的CAPP系统大都属于修订式CAPP系统。

但修订式CAPP系统的使用仍需要具有经验的工艺人员，况且标准工艺规程未考虑生产批量、生产技术、生产手段等因素的变动，在生产批量改变、生产技术和生产手段发展后，系统不易修改。因此，修订式CAPP主要适用于零件族数较少、每族内零件项数较多以及生产零件种类、批量和生产技术相对稳定的制造企业。

2.4 生成式 CAPP 系统

2.4.1 生成式方法的原理

生成式方法也称创成式方法。其基本思路是，将人们设计工艺过程时用的推理和决策方法转换成计算机可以处理的决策模型、算法及程序代码，从而依靠系统决策，自动生成零件的工艺规程。生成式 CAPP 系统实际上是一种智能化程序，可以克服修订式系统的固有缺点。但由于工艺过程设计问题的复杂性，目前尚没有系统能做到所有的工艺决策都完全自动化，一些自动化程度较高的系统的某些工艺决策仍需要有一定程度的人工干预。从技术发展看，短期内也不一定能开发出功能完全、自动化程度很高的生成式系统。因此，人们把许多包含重要的决策逻辑，或者只有一部分工艺决策逻辑的 CAPP 系统也归入生成式 CAPP 系统。为此，曾有人提出所谓半创成式系统或综合式系统等名称。

2.4.2 生成式 CAPP 系统的开发

生成式 CAPP 系统的开发尚无固定的模式，但人们在实践中也总结出了一些基本的工作内容和方法。

(1) 明确所开发系统的设计对象及应用环境，即本系统将适用于哪一类型的零件，适用于什么样的生产环境，应包括哪些功能；

(2) 零件结构与工艺分析，即确认该类零件由哪些表面元素或特征构成，每种表面元素或特征的加工方法有哪些，零件有哪些加工工序等；

(3) 建立各种加工方法的加工能力、经济加工精度，以及各种标准数据等工程数据文件或数据库等；

(4) 工艺决策模型及功能实现模型的建立；

(5) 系统程序设计、编码、调试与试运行。

2.4.3 工艺决策方法

对于生成式 CAPP 系统，软件设计的核心内容主要是各种工艺决策逻辑的表达和实现，即所谓工艺决策模型的建立。尽管工艺过程设计包括各种性质的决策，决策逻辑也很复杂，但表达方式却有许多共同之处，可以用一定形式的软件设计工具来表达和实现。常用的决策方法有决策表、决策树等。

1. 决策表(Decision Table)

决策表是表达各种事件或属性间复杂逻辑关系的形式化方法。决策表具有下述明显的优点：

(1) 可以明晰、准确、紧凑地表达复杂的逻辑关系；

(2) 易读、易理解，可以方便地检查遗漏及逻辑上的不一致；

(3)易于转换成程序流程和代码。

因此，我们可以采用决策表表达工艺决策逻辑，例如，一种选择孔加工链所用的决策表如表 2.4 所示。

表 2.4　孔加工链选择决策表

直径≤12 mm	T	T	T	T	F	F	F	F	F	F	F	F
12 mm<直径≤25 mm	F	F	F	F	T	T	T	T	T	F	F	F
25 mm<直径≤50 mm	F	F	F	F	F	F	F	F	F			
50 mm<直径	F	F	F	F	F	F	F	F	F			
位置度≤0.05	F	F			F	F	F	F	T	F	F	
0.05<位置度≤0.25	F	F			F	F	T	T	F	F		
0.25<位置度	T	T	F	F	T	T	F	F	F	T		
公差≤0.05	F		F	T	F		F	T	T	F	F	T
0.05<公差≤0.25	F			F	F		T	F	F	F	T	F
0.25<公差	T	F		F	T	F	F	F	F	T	F	F
钻孔	1	1	1	1	1	1	1	1	1	1	1	1
铰孔		2										
半精镗				2				2	2			2
精镗			2	3		2	2	3	3		2	3

由表 2.4 可以看出，决策表由 4 部分构成。横粗实线的上半部表示条件，下半部表示动作或结论；竖粗实线的左半部为动作的文字说明，右半部为动作集，每一列表示一条决策规则，其中数字表示动作的执行顺序。

2. 决策树(Decision Tree)

在数据结构中，树属于连通而无回路的图，由节点和边构成。在决策树中，常用节点表示一次测试或一个动作，结论或拟采取的动作一般放在终端节点(叶子节点)上。边连接两次测试。若测试条件满足时，则沿边向前传递，以实现逻辑与(AND)关系；若测试条件不满足时，则转向出发节点的另一条边，以实现逻辑(OR)的关系。所以，由决策树的根节点到终端节点的一条路径可以表示一条决策规则。例如，孔加工方法选择的决策树参见图 2.11 示意。

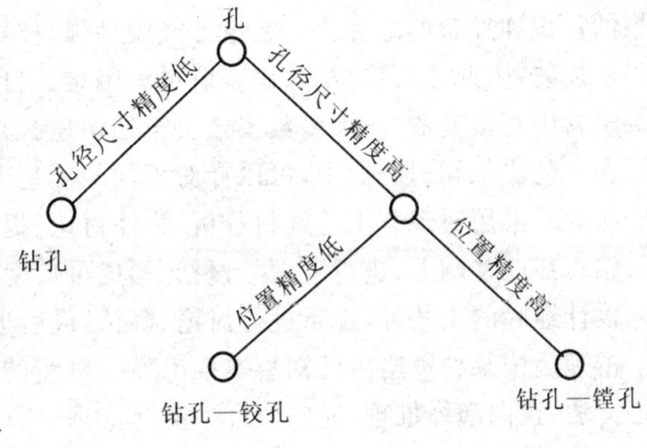

图 2.11　决策树示例

决策树的表示简单、直观，很容易将它转换成逻辑流程图，并用程序设计语言中的“IF…THEN…ELSE…”结构实现。

各种工艺决策逻辑的模型化和算法化是生成式 CAPP 系统开发的核心工作。工艺过程设计各阶段的决策是多种多样的，除以数值计算为主的问题可以依靠数学模型处理外，大多数决策过程属于逻辑决策，需要依靠工艺专家丰富的生产实践经验和技巧来实现。在生成式

CAPP 系统开发中，由于不同的生产对象、不同的生产环境、不同的功能需求，可能会总结归纳出不同的工艺决策模型，因此，这方面的研究还很不充分，尚须做大量研究工作。目前，在国内外的研究中，加工方法选择等选择性问题的解决相对成熟。下面扼要介绍加工方法选择的决策。

如前所述，零件是由若干个形状特征构成的。对于每个特征 f，一般要经过多次加工，从而形成特征的加工工序序列，可表示为

$$S=\{P_1,f_1,P_2,f_2,\cdots,P_n,f_n\}$$

在确定特征加工工序序列时，大多数 CAPP 系统采用反向设计法，即从成品零件回溯到毛坯(与此对应，从毛坯到产品零件的设计称正向设计)。在具体实现上，有两种方法：一是从后往前逐个选择加工工序的方法，国外的许多 CAPP 系统都采用这种方法；一种是直接选择出特征的加工工序序列——常称为加工链(在许多工艺手册中都有各类形状特征/表面的加工链选择表)，国内的 CAPP 系统大都采用这种方法。

对于工序安排与排序等规划性决策问题，目前尚无成熟的解决方法，许多 CAPP 系统都是在限定的条件下给出决策模型。因此，对工艺设计问题本身进行深入分析，建立工艺决策模型仍是生成式 CAPP 系统开发的关键问题之一。

2.5 工艺决策专家系统

所谓专家系统，就是一种在特定领域内具有专家水平的计算机程序系统，它将人类专家的知识和经验以知识库的形式存入计算机，并模拟人类专家解决问题的推理方式和思维过程，运用这些知识和经验对现实中的问题作出判断和决策。从本质上看，专家系统提供了一种新型的程序设计方法，可以解决传统的程序设计方法所难以解决的问题。

知识库和推理机是专家系统的两大主要组成部分。知识库存储从该领域专家那里得到的关于某个领域的专门知识，它是专家系统的核心。工艺决策知识是人们在工艺设计实践中所积累的认识和经验的总和。工艺设计经验性强、技巧性高，工艺设计理论和工艺决策模型化工作仍不成熟，因此，工艺决策知识获取更为困难。目前，除了一些工艺决策知识可以从书本或有关资料中直接获取外，大多数工艺决策知识还必须从具有丰富实践经验的工艺人员那里获取。在工艺决策知识获取中，可以针对不同的工艺决策子问题(如加工方法选择、刀具选择、工序安排等)，采用对现有工艺资料分析、集体讨论、提问等方式进行工艺决策知识的收集、总结与归纳。在此基础上，进行整理与概括，形成可信度高、覆盖面宽的知识条款，并组织具有丰富工艺设计经验的工艺师，逐条进行讨论、确认，最后进行形式化。

推理是按某种策略由已知事实推出另一事实的思维过程。在专家系统中，普遍使用 3 种推理方法：正向演绎推理、逆向(反向)演绎推理、正反向混合演绎推理。正向推理是从已知事实出发推出结论的过程，其优点是比较直观，但由于推理时无明确的目标，可能导致推理的效率较低；反向推理是先提出一个目标作为假设，然后通过推理去证明该假设的过程，其优点是不必使用与目标无关的规则，但当目标较多时，可能要多次提出假设，也会影响问题求解的效率；正反向混合推理是联合使用正向推理和反向推理的方法，一般说来，先用正向推理帮助提出假设，然后用反向推理来证实这些假设。对于工艺过程设计等工程问题，一般多采用正向推理或正反向混合推理方法。

在专家系统中，推理以知识库中已有知识为基础，是一种基于知识的推理，其计算机程序实现构成推理机。推理机控制并执行对问题的求解。它根据已知事实，利用知识库中的知识，按一定的推理方法和搜索策略进行推理，从而得到问题的答案或证实某一结论。在工艺决策专家系统中，工艺知识存于知识库中，当用它为产品（零件）设计工艺过程时，推理机从产品的设计信息（零件特征信息）等原始事实出发，按某种策略在知识库中搜寻相应的知识，从而得出中间结论（如选择出特征的加工方法），然后再以这些结论为事实推出进一步的中间结论（如安排出工艺路线），如此反复进行，直到推出最终结论，即产品的工艺规程。像这样不断运用知识库中的知识，逐步推出结论的过程就是推理。

同传统程序设计方法相比，知识库与推理机相分离是专家系统的显著特征。除了知识库和推理机外，还需要一个用于存放推理的初始事实或数据、中间结果以及最终结果的工作存储器，称其为综合数据库或黑板。此外，对于一个完整或理想的专家系统还应包括人机接口、知识获取机构和解释机构等部分。专家系统的构成可用图 2.12 表示。

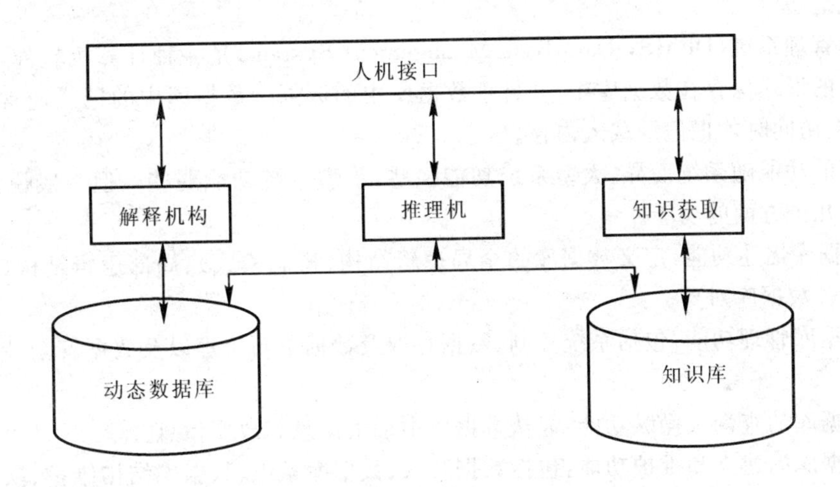

图 2.12　专家系统的构成

专家系统一般具有如下特点：

(1) 知识库和推理机相分离，有利于系统维护；

(2) 系统的适应性好，并具有良好的开放性；

(3) 有利于追踪系统的执行过程，并对此做出合理解释，使用户确信系统所得出的结论；

(4) 系统决策的合理程度取决于系统所拥有的知识的数量和质量；

(5) 系统决策的效率取决于系统是否拥有合适的启发式信息。

采用专家系统技术，可以实现工艺知识库和推理机的分离。在一定范围内或理想情况下，当 CAPP 系统应用条件发生变化时，可以修改或扩充知识库中的知识，而无须从头进行系统的开发。20 世纪 80 年代以来，国内外已开发了许多工艺决策专家系统，但都是原型系统，知识数量少，且功能有限，难以满足实用化的要求，因此仅有很少的几个系统获得了实际应用。Dimistris Kiritsis 在文献中对工艺决策专家系统的研究与开发状况进行了全面的综述，介绍了国外从 1981—1992 年开发的 52 个 CAPP 系统，其中大多是原型系统，系统所拥有的知识量大都在 500 条规则以下，功能有限。

2.6　数据库技术

在编制工艺规程时,涉及大量的各种各样的工艺数据,如切削参数、加工余量、标准公差、设备、工艺装备以及工艺数据等。为了有效地使用、管理和共享这些数据,并使其保持一致性,必须建立工艺数据库。数据库技术是一种有效的数据管理技术,即进行数据组织、存储、共享、检索和维护等的一种技术。下面将对数据库的基本概念及数据库系统的设计与开发进行简单介绍。

2.6.1　数据库的基本概念

1. 数据库及数据库管理系统

数据库(DB, Data Base)是相关数据的一个有序集合。数据库安全地存储数据并对其组织以便快速地检索。

数据库管理系统(DBMS, Data Base Management System)是一种计算机软件,它把相关数据以记录的形式保存在数据库中,并管理数据库中的数据。数据库中的记录通常放在磁盘上,一般只在访问时才把记录载入内存。

DBMS 的功能随系统而异,大型系统功能强些,小型系统功能弱些。但一般说来,DBMS 应包括以下几个方面的功能。

(1) 数据库描述功能:定义数据库的全局逻辑结构(概念模式)、局部逻辑结构(外模式),以及其他各种数据库对象。

(2) 数据库管理功能:包括系统控制、数据存取及数据更新管理以及数据安全性及数据一致性维护。

(3) 数据库的查询及操纵功能:能从数据库中检索信息和改变信息。

(4) 数据库的建立和维护功能:包括数据装入、数据库重组、数据库结构维护、恢复及系统性能监视等。

从内容上说,DBMS 由下述 3 部分组成:

(1) 数据描述语言(DDL)及其翻译程序;

(2) 数据操纵/查询语言(DML)及其翻译程序;

(3) 数据库管理例行程序。

一个数据库管理系统能同时管理多个数据库。例如,一所大学拥有一个学生数据库和一个图书数据库,不同的用户可以通过一个数据库管理系统访问这两个数据库。

数据库系统(DBS,Data Base System)是指具有管理数据库功能的计算机系统。因此,数据库系统由数据库、数据库管理系统、操作系统以及相应的计算机硬件组成,如图 2.13 所示。

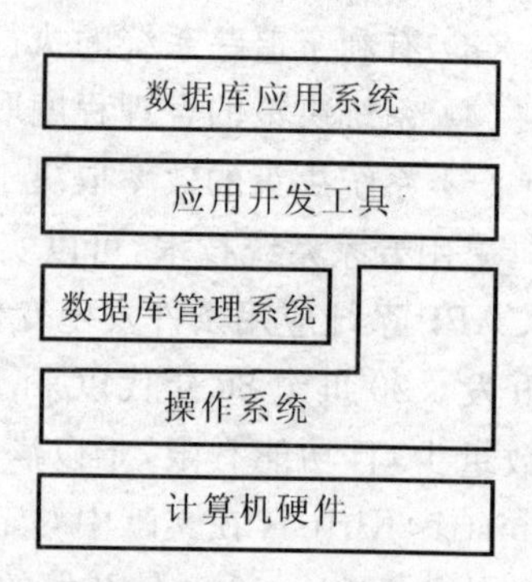

图 2.13　数据库系统组成

2. 数据库模型

数据库模型是指数据库在组织数据时所采用的数据模型。数据模型是描述数据及其联系的数据结构形式,以及访问和更新这些数据的操作类型。在数据库技术发展史上,最有影响的数据模型包括3种。

(1) 层次模型:用树形结构来描述客观世界实体及其联系。简单地说,层次模型把数据组织成一颗根在上、叶在下的有向树。

(2) 网状模型:用网状结构来描述客观世界实体及其联系。网状模型把数据组织成无环有向图,更容易表达现实世界中的数据结构。

(3) 关系模型:用二维表结构来描述客观世界实体及其联系。

层次结构和网状数据库系统的主要缺点是对数据的查询很难执行,管理不太灵活,功能很弱。但这两种数据库出现得较早,所以今天仍然有相当多的公司在使用。

最近20年来,数据库系统产品使用最广泛的数据模型是关系模型。关系模型易于理解,使用灵活,易于设计和建立。一个利用关系模型的数据库管理系统称为关系数据库管理系统(RDBMS,Relational Data Base Management System)。最近几年,一种更新的数据模型——对象-关系模型——在许多产品中正逐渐取代关系模型。利用对象-关系模型的数据库管理系统称为对象-关系数据库管理系统(ORDBMS, Object-Relational Data Base Management System)。由于对象-关系模型实际上是关系模型的扩展,对象-关系数据库管理系统也支持关系数据库管理系统中的数据。

3. 数据库结构

在数据库技术中,为了提高数据库数据的逻辑独立性和物理独立性,采用分级方法,即将数据库的结构划分成多个层次。数据独立性是数据库系统所追求的一个目标。研究表明,一个具有高度数据独立性的数据库系统的体系结构应当是一个多级结构。美国标准化组织ANSI/X3/SPARC据此提出了一个三级数据库系统结构的建议。这三级由下述3种模式所描述:

(1) 外模式,是对应用程序所需的那部分数据结构的描述。

(2) 概念模式,是对整个客体系统数据结构的描述。

(3) 内模式,是对数据存储结构的描述。

ANSI/X3/SPARC建议的核心是概念模式,它描述客观世界的逻辑结构。从概念模式出发,一方面将它映射到描述物理结构的内模式上,另一方面又将它映射到一系列派生出的外模式上。这种外模式是用户的数据模型,是用户存取数据库的接口,如图2.14所示。

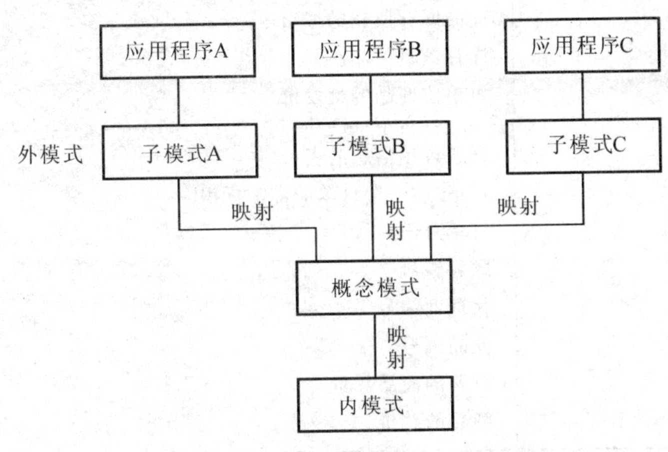

图2.14　数据库系统的结构

为什么这样的多级系统结构具有较高的数据独立性呢？

首先，由于概念模式与内模式之间存在有概念模式/内模式映射，因此在内模式改变时，可以通过修改这一映射使概念模式保持不变，从而使得建立在外模式之上的应用程序不作改变，因此它具有物理独立性。

其次，由于概念模式与外模式之间也存在有相应的映射，因此在概念模式改变时，可以通过修改相应的映射使得外模式保持不变，从而建立在该外模式之上的应用程序不作改变，因此数据具有逻辑独立性。

2.6.2　关系数据库

关系数据库是最流行的数据库，下面将示例介绍关系数据库的基本概念。

在关系模型中，数据库是用一组表来表示的。下面将以一个订单处理系统的数据库为例进行说明。订单处理系统的数据库由表 CUSTOMER，AGENT，PRODUCT 和 ORDER 组成，批发商用它来存储和管理顾客、商品和接受顾客订单的代理商的信息，如表 2.5 所示。

表 2.5　订单处理系统的数据库中表和列的定义

CUSTOMER	存放顾客信息的表
cid	顾客编号，一个顾客的惟一标识
cname	顾客的名称
city	顾客所在的城市
discnt	每个顾客可能会有的折扣
AGENT	存放代理商信息的表
aid	代理商编号，一个代理商的惟一标识
aname	代理商的名称
city	代理商所在的城市
percent	每笔交易代理商所能获得的佣金百分比
PRODUCT	存放商品信息的表
pid	商品编号，一个商品的惟一标识
pname	商品的名称
city	商品库存所在的城市
quantity	库存数量
price	每单位商品的批发价
ORDER	存放订单信息的表
ordno	订单号，一个订单的惟一标识
month	订单月份
cid	顾客编号
aid	代理商编号
pid	商品编号
qty	订购的商品数量
sumprice	商品的总价

表2.5提供了订单处理系统的数据库中所有的表和列的定义，而这些表的内容见表2.6～表2.9(这些内容可能随时改变)。

关系数据库中有两套标准术语。一套是表、列、行；另一套是关系(对应表)、属性(对应列)、元组(对应行)。可见，关系数据库是表或者说是关系的集合。例如订单处理系统的数据库由下列表的集合组成

CAP={CUSTOMER,AGENT,PRODUCT,ORDER}

表头是表的列名集合，它出现在表的最上部，位于表的第一行的上面。

表的表头也被称做关系模式，即组成关系的属性的集合。数据库所有关系模式的集合构成了数据库模式。

表2.6　CUSTOMER

cid	cname	city	discnt
c001	TipTop	Duluth	10.0
c002	Basics	Dallas	12.0
c003	Allied	Dallas	8.0
c004	ACME	Duluth	8.0
c005	ACME	Kyoto	0.0

表2.7　PRODUCT

pid	pname	city	quantity	price
p01	comb	Dallas	111400	0.50
p02	brush	Newark	203000	0.50
p03	razor	Duluth	150600	1.00
p04	pen	Dallas	125300	2.00
p05	pencil	Duluth	221400	0.50

表2.8　AGENT

aid	aname	city	percent
a01	Smith	NewYork	6.0
a02	Jones	Newark	6.0
a03	Brown	Tokyo	7.0
a04	Gray	NewYork	6.0
a05	Otasi	Duluth	5.0

表2.9　ORDER

ordno	month	cid	aid	pid	qty	sum
1011	jan	c001	a01	p01	1000	450.0
1012	jan	c001	a01	p01	1000	450.0
1019	feb	c001	a02	p02	400	180.0
1017	feb	c002	a06	p03	600	540.0
1018	feb	c002	a03	p04	600	540.0

第3章　现代CAPP基本理论

近年来，以交互式为基础的实用化CAPP系统已取得相当广泛的应用和显著的实际效益，CAPP的应用从以零组件为主体对象的局部应用走向以整个产品为对象的全面应用，并正在逐步体现现代先进制造思想，向以产品数据为核心、工艺设计与工艺管理一体化的制造工艺信息系统即现代CAPP系统方向发展。这不仅是制造企业信息化的重要基础，也为开发各阶段各种有效的智能化在线辅助决策功能提供了坚实的实践基础。

3.1　面向产品CAPP方法论

面向产品CAPP方法论的基本内容是：CAPP系统首先应是以产品工艺数据为中心的集工艺设计与信息管理为一体的交互式计算机应用系统，并逐步集成检索、修订、生成等多工艺决策混合技术及人工智能技术，实现人机混合智能(Human－Machine Hybrid Intelligence)和人、技术与管理的集成，逐步和部分实现工艺设计与管理的自动化，从设计和管理等多方面提高工艺人员的工作效率，并能在应用中不断积累工艺设计人员的经验，不断提高系统的智能化和适应性。

1. CAPP系统首先应是交互式计算机应用系统

在以交互式为基础的CAPP系统模式下，工艺人员是工艺决策的主体，局部工艺决策功能的自动化，将作为从整体上提高工艺人员工作效率的手段之一，而不是试图实现工艺决策全过程的自动化。

2. 产品工艺数据是CAPP系统的中心

产品工艺数据是产品数据的重要组成部分，也是企业生产信息的汇集处。从发展看，CAPP的主要功能应是保证产品工艺数据的完整性、一致性，实现企业产品工艺信息的集成与共享，而不应是孤立地编制零件工艺规程及输出工艺卡片。反过来，零件工艺规程编制的核心应是生成产品的工艺数据，而工艺卡片只是工艺数据的格式化表现形式，完全可由系统自动生成。随着企业信息化技术的发展，工艺信息对象将逐步替代现在意义上的工艺卡片，为无纸化制造的实现奠定基础。

在此基础上，CAPP也完全可自动完成工装设备、材料、工艺关键件、工时定额、辅助用料、关键工序等各类统计汇总功能，并自动生成汇总统计报表(明细表)，这样不仅可以极大地提高工艺文件的编制效率，而且可最大限度地减少不必要的人为失误。

3. 产品工艺设计及管理的一体化

工艺管理通常是整个工艺业务工作的主体，因而工艺管理功能应成为面向产品CAPP所要实现的重要功能。从信息系统角度来讲，企业工艺管理包括以下方面的内容。

(1) 基础工艺信息管理：相关的制造资源信息、各类工艺标准与规范等；

(2) 产品工艺信息管理：与产品直接相关的工艺信息的管理；

(3) 产品工艺设计流程管理：随着CAPP的广泛应用及PDM等先进制造技术的发展，基于PDM的工艺设计流程管理、产品工艺设计任务的分解与设计过程控制等方面的管理，将成为企业工艺设计与管理的重要方面。

产品工艺设计及管理一体化系统的建立与应用构成企业完整的现代制造工艺信息系统，并将成为企业实现敏捷制造的重要技术基础。

3.2 基于O-O的面向产品CAPP信息建模

3.2.1 面向产品CAPP基本信息模型

以产品数据为中心，可建立如图3.1所示的CAPP基本信息模型。

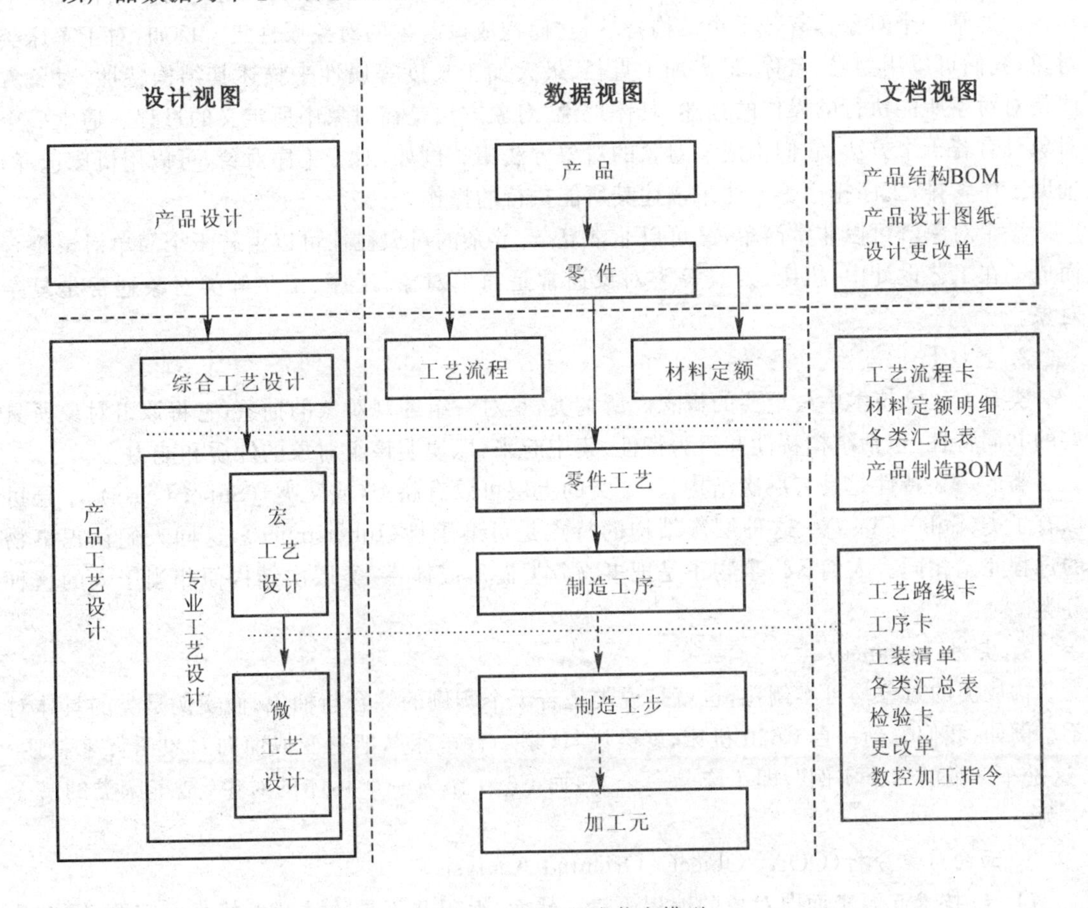

图3.1 CAPP基本信息模型

对图3.1中所涉及的几个术语给出如下定义和说明。

(1) 零件：泛指构成产品的各种相对独立单元，如机械加工件、装配件、焊接件等。

(2) 零件工艺：泛指以模型化数据形式定义的机械加工、装配、钣金等各种零件加工工艺规程等。

(3) 加工元：主要用于机械加工工艺，其详细定义与应用见第5章。

3.2.2　面向对象方法基本概念

面向对象方法是一种运用对象、类、实例和继承等概念来构造软件系统的一种软件开发方法。O-O 方法的基本原理是对问题领域实行自然分割，按人类认识客观世界的思维方式来识别和定义客观世界中的相关实体，因此是一种更直观、更自然、更易于理解的模型化方法。

1. 对象(Object)

对象是将自身所具有的属性及可以对这些属性施加的操作封装在一起所构成的独立实体，它是 O-O 技术中的核心概念，凡是现实世界中存在的实体都可作为对象。在制造领域中，一个企业、一个车间、一台机床、一把刀具、一个产品、一个零件等客观存在物以及一个工艺过程、一道工序、一个工步、一个决策过程等过程性行为、概念等都是对象。

对象属性与对象方法，是构成对象的两个主要因素。其中，对象属性是对对象结构特性的描述。通常一个对象具有若干个结构特性，它们构成该对象的对象属性集。例如，对于车床类对象，我们可以用型号、名称、最大加工直径、最大加工长度等属性来描述其结构特性；对象方法是对对象所能执行的操作的描述，具体地说，对象方法是在对象中所定义的过程。通常一个对象具有若干个方法，它们构成该对象的对象方法集。例如，对于工序对象，可以用机床选择、辅助工序安排、工序排序等方法来描述其所能执行的操作。

一个对象既可以非常简单，又可以非常复杂，复杂的对象往往可以由若干个简单对象聚合而成。在工艺设计中，机床、刀具等类对象通常是简单对象，工序、工步等类对象通常是复杂对象。

2. 类(Class)

类是 O-O 技术中最重要的概念。所谓类，是对一组客观对象的抽象，它将该组对象所具有的共同特性(包括结构特性和行为特性)集中起来，以说明该组对象的性质和能力。

类的一大特性是具有层次结构，一个类的上层可以有超类(或父类)(Super Class)，下层可以有子类(Sub-Class)。这种层次结构的特点是可继承性(Inheritance)，这同人们认识事物的过程完全相同。人们认识事物正是把事物分类而形成体系，类层次结构便相当于人的这种分类。

3. 实例(Instance)

构成类的对象均可实例化，也就是说类是若干个实例的综合与抽象，而实例是类的具体对象。例如，我们看到一台 C620 机床，就会说“这是一台车床”，把它变成面向对象语言来叙述：“这是车床类的一个实例”，即车床是一个类，而 C620 作为一个具体的对象，是车床类的一个实例。

4. 面向对象分析(OOA，Object-Oriented Analysis)

O-O 技术起源于面向对象的编程语言。然而，编程并不是软件开发的主要问题，需求分析与设计问题显然更为重要并且更值得研究。因此面向对象开发技术的焦点不应该只针对编程阶段，而应更全面地针对软件工程的其他阶段。O-O 方法真正意义深远的目标是它适合于解决分析与设计期间的复杂性问题，并实现分析与设计的复用。因此，人们对面向对象的研究重点从面向对象的编程，转移到面向对象的分析与设计。OOA 是应用对象对实际问题领域进行抽象描述，因此是现实问题的一种建模方法。OOA 的关键是识别问题领域中的对象和类及其相互间的关系。

3.2.3　CAPP面向对象基本模型

目前,人们在CAPP研究中,用面向对象方法对工艺设计问题进行分析。有些研究者在CAPP系统开发中,应用了面向对象设计和编程技术,但大都集中在零件特征描述上,且主要用于编程阶段,缺乏从系统化角度对CAPP相关信息进行全面分析与建模。下面简要介绍作者在系统分析相关信息的基础上,所建立的CAPP面向对象基本模型。

1. CAPP对象类树(CT, Class Tree)

作者用对象类树来描述CAPP所涉及的对象及其层次关系和结构。在CAPP对象类树中,每一个节点代表一个对象类,并用类名标识,同类下的子类按从上至下标出其序号(.1,.2,…)。例如,对于机床的分类层次,其对象类树表示如图3.2所示。

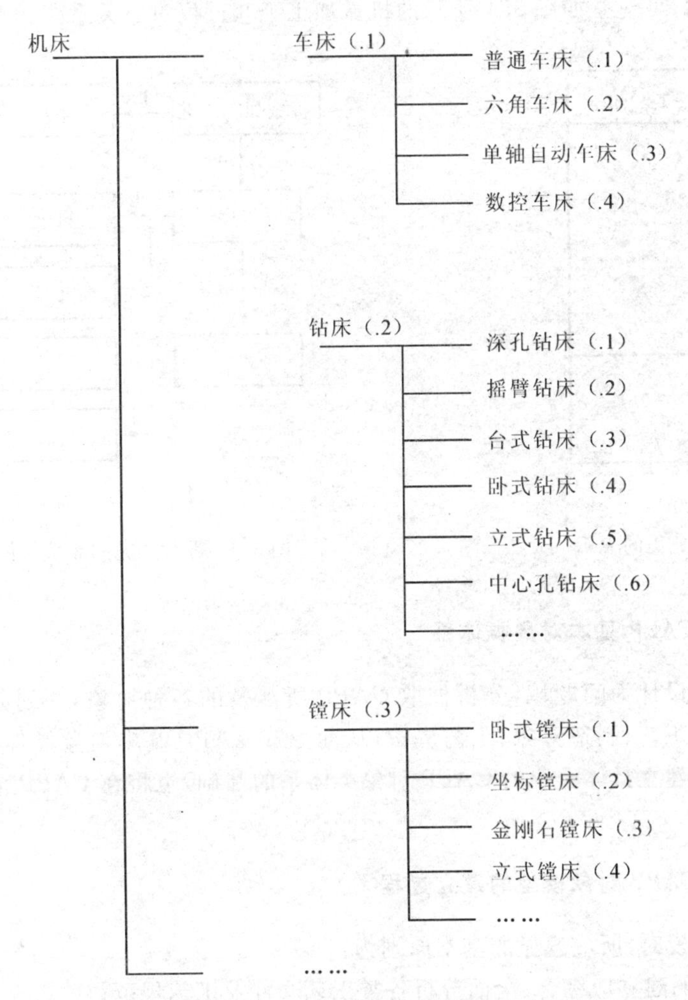

图3.2　CAPP对象类树CT1.1

从CT0树(以CAPP为根节点的对象类树)下的直接节点出发,沿着CAPP对象类树的某一路径上所有节点序号的合成为该类的编码;对象类树的编码为该对象类树根节点的编码。例如,机床的类编码为C1.1,以它为根的对象类树编码为CT1.1(见图3.2),普通车床的类编码为 C1.1.1.1。

2. CAPP 对象类的表示法

对象类可用图 3.3 所示的图形表示。在图中，类被划分为 3 部分，这 3 部分自上而下包含类名/类编码、对象属性集合、对象方法集合，其中对象属性可带类型及值（实际取值或缺省值）。

3. CAPP 对象关系图（ORG，Object Relation Graph）

对象关系图用来描述工艺过程建模中所涉及的对象的关联关系。零件工艺、制造工序、制造工步是描述工艺过程的 3 个基本对象，因此，也是零件工艺对象关系图中的 3 个基本节点。

在对象关系图中，用方框表示对象，在框内写出对象名称，用带箭头的线表示两个对象的聚合关系，并在线的上方或右方用 1 或 n 表示两个对象的 1∶1 关系或 1∶n 关系。例如，对于某企业的机械加工工艺，可建立如图 3.4 所示的机械加工工艺过程对象关系图。

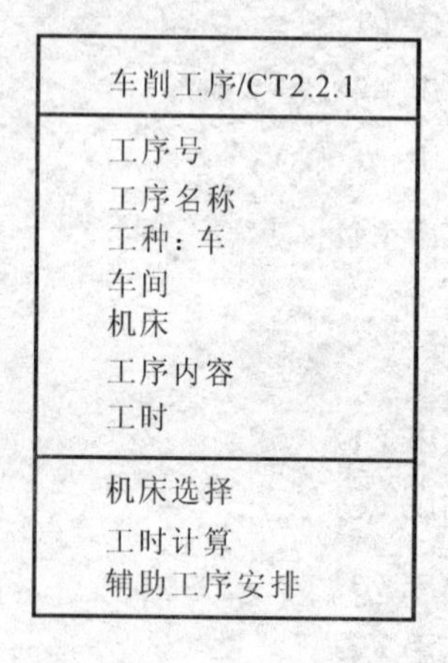

图 3.3　对象类的表示

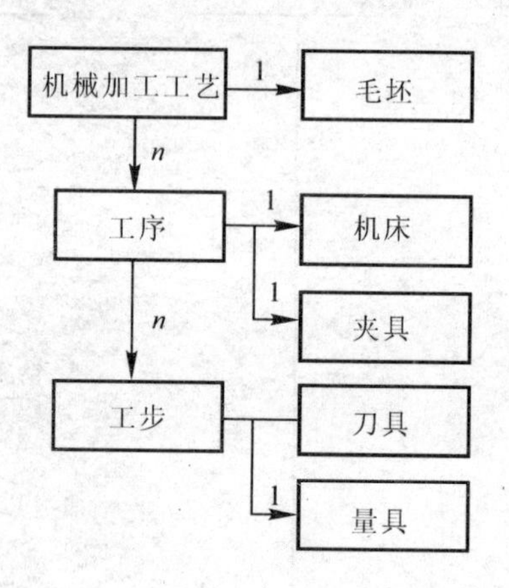

图 3.4　零件工艺对象关系图

3.2.4　面向产品 CAPP 基本对象类体系

以面向产品的工艺设计为问题域，分析抽取 CAPP 所涉及的各种对象，并划分为 4 种基本类型：制造资源、制造工艺、制造对象、工艺决策，从而形成 CAPP 基本对象类体系，其 CT0 图如图 3.5 所示。它是建立具体企业的 CAPP 对象类体系的基础，也将在 CAPP 应用实践中不断扩充完善。

3.2.5　面向产品 CAPP 对象模型的建立过程

在进行工艺信息建模时，所应遵循的基本原则为：

(1) 工艺信息模型的建立应综合、全面分析各类工艺文件及工艺规范；

(2) 对象类的定义应保持工艺规范体系的完整性；

(3) 类属性的名称和次序应符合企业习惯，与已有工艺文件尽量保持一致；

(4) 类层次应简明方便，减少不必要的复杂度。

具体建模过程可简述如下：

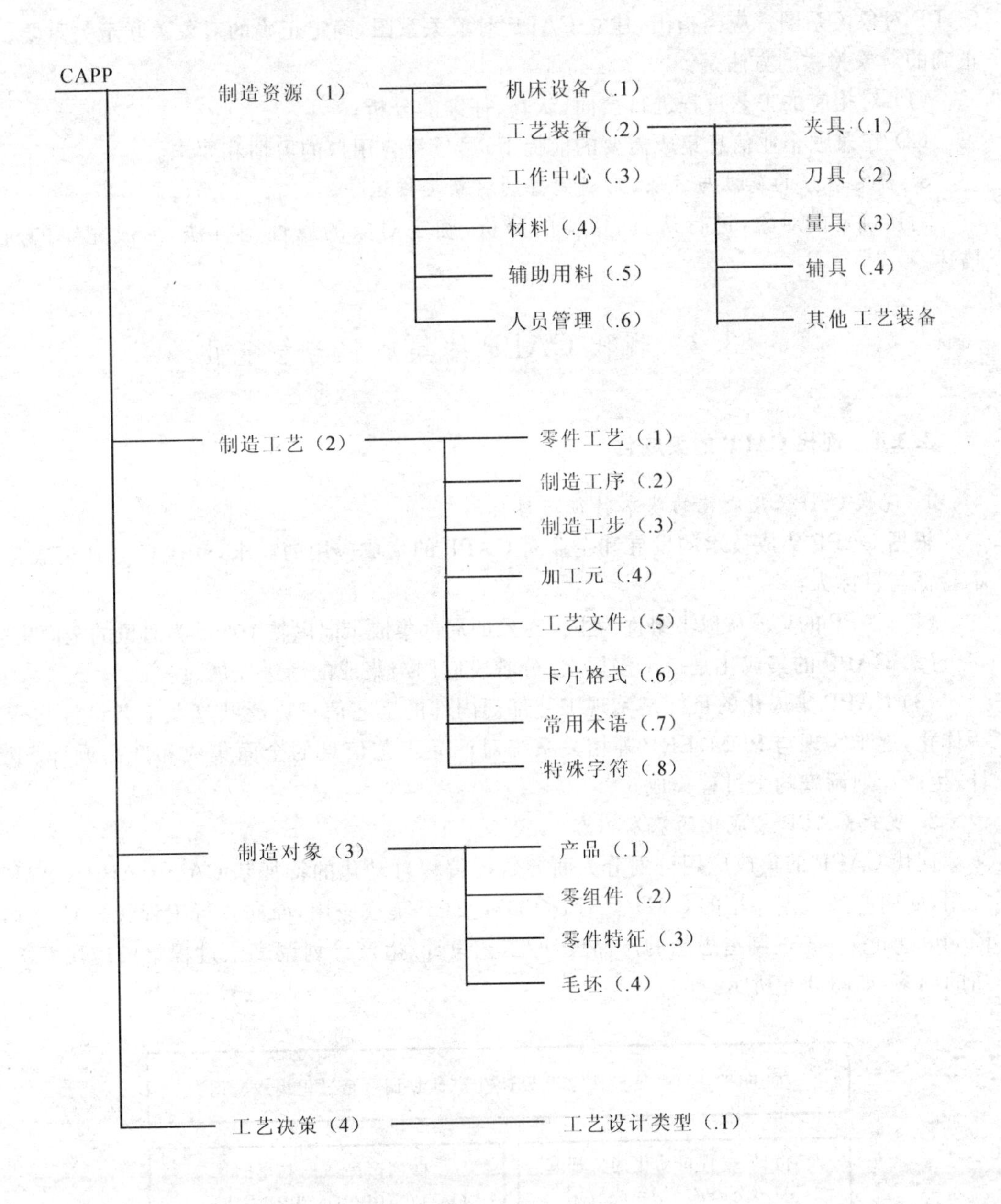

图3.5　CAPP基本对象类体系

1. 抽取与确定对象类，建立企业CAPP对象类体系

在进行对象类的抽取与确定时，应对企业工艺设计与管理进行全面分析，抽取相关的对象类。然后做进一步的分析，去除冗余的类、无关的类、模糊的类等，确定出正确、适当的对象类。最后，以CAPP基本对象类体系为基础，在兼顾概念体系完整性的前提下，尽量减少类的层次，使企业CAPP对象类体系完整、明确、简明、无冗余。

2. 分析与确定对象间的关联，建立CAPP对象关系图

以零件工艺、制造工序、制造工步为核心，分析并确定与之关联的对象类，建立所有的

CAPP 对象关系图。应当指出，建立 CAPP 对象关系图，确定正确的对象关联至关重要。确定正确的对象关联的方法是：

(1) 对相应的工艺过程进行全面、认真、仔细的分析；

(2) 在兼顾企业信息集成需要的前提下，尽量符合用户的习惯和要求。

3. 确定对象的属性与方法，形成完整的对象类描述

对所确定的对象，进行认真、切实的分析，确定对象的属性与方法，形成完整的对象类描述。

3.3 现代 CAPP 的集成化与智能化

3.3.1 现代 CAPP 的集成化

1. 现代 CAPP 集成化的基本特征与目标

根据 CAPP 集成技术的发展和企业对 CAPP 的集成应用的需求，现代 CAPP 集成化的基本特征与目标为：

(1) CAPP 的集成从以零组件为主体对象的局部集成走向以整个产品为对象的全面集成；

(2) CAPP 的集成化是一个多层次、分阶段应用与集成的渐进发展过程；

(3) CAPP 集成化的目标是实现工艺部门内部的工艺信息广泛共享及工艺设计与管理的一体化，逐步实现与 PDM、ERP 等相关系统对产品工艺信息的全面集成和产品设计、工艺设计、生产计划调度的全过程集成。

2. 现代 CAPP 集成化的基本内容

现代 CAPP 的集成应用可划分为面向数控编程自动化的特征基 CAD/CAPP/CAM 集成应用，面向产品数据共享的 CAD/CAPP/PDM/ERP 集成应用，面向并行工程(CE，Concurrent Engineering)等先进制造思想的产品设计/工艺设计/生产计划调度全过程集成应用等 3 个方面的内容，如图 3.6 所示。

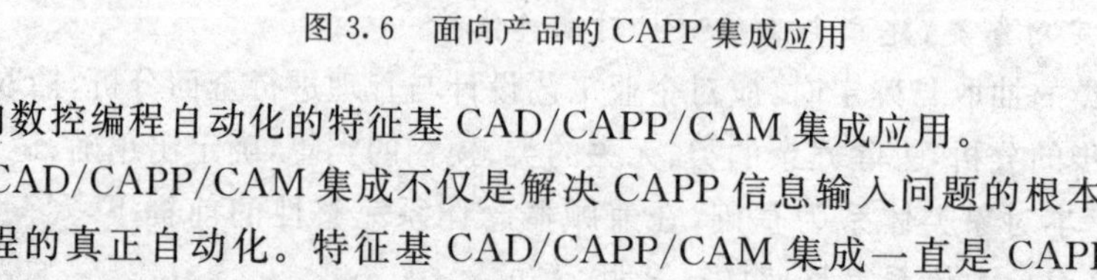

面向CE等的产品设计/工艺设计/生产计划调度全过程集成应用

面向数控编程自动化的特征基CAD/CAPP/CAM集成应用

面向产品数据共享的CAD/CAPP/PDM/ERP集成应用

图 3.6　面向产品的 CAPP 集成应用

(1) 面向数控编程自动化的特征基 CAD/CAPP/CAM 集成应用。

特征基 CAD/CAPP/CAM 集成不仅是解决 CAPP 信息输入问题的根本途径，而且可以实现数控编程的真正自动化。特征基 CAD/CAPP/CAM 集成一直是 CAPP 发展的重要方向，国内外开发了许多特征基 CAD/CAPP/CAM 集成系统。从应用效益看，CAD/CAPP/CAM 集成应用主要适用于复杂的数控加工类零件。因此，CAD/CAPP/CAM 集成系统的研

究与开发目标应定位于实现数控编程自动化，而不仅仅是工艺决策的自动化。在CAD/CAPP/CAM集成研究中，特征基零件信息模型的建立、转换与数据交换以及通用特征基工艺决策模型的建立是关键技术。

(2) 面向产品数据共享的CAD/CAPP/PDM/ERP集成应用。

CAPP是CIMS中产品设计制造和生产经营管理实现信息集成的关键性环节。然而在现代集成制造系统中，人们一直将CAD/CAPP/CAM的集成作为研究与开发的重点，而未真正重视CAPP与ERP等环节的信息集成。随着企业信息化的深入实施与PDM的发展，实现面向产品数据共享的CAD/CAPP/PDM/ERP集成应用是CAPP应用与发展的重要基础。图3.7是CAD/CAPP/PDM/ERP集成信息流程图。

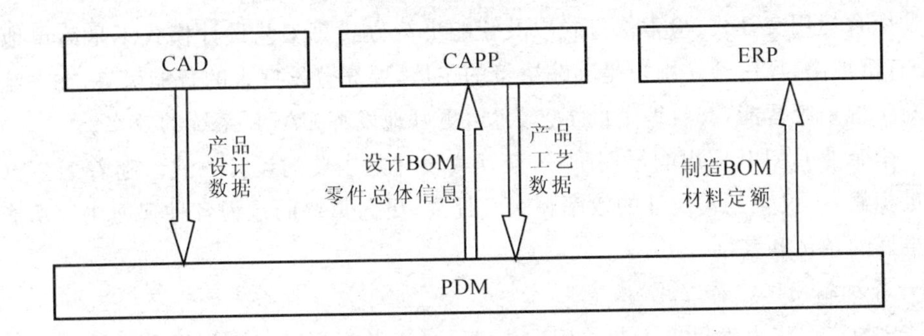

图3.7　CAD/CAPP/PDM/ERP集成信息流程图

(3) 面向CE等先进制造模式的产品设计/工艺设计/生产计划调度全过程集成的应用。

实现产品设计/工艺设计/生产计划调度全过程的集成，是并行工程与敏捷制造对CAPP集成化提出的要求，也是现代CAPP技术的要求。一个产品的设计过程包括概念设计、结构设计和详细设计3个阶段。而当前对全过程集成的研究，大都集中在产品详细设计阶段的机械加工零件的CAD，CAPP及生产计划调度的研究。图3.8是产品设计/工艺设计/生产计划调度全过程集成信息流程示意图。

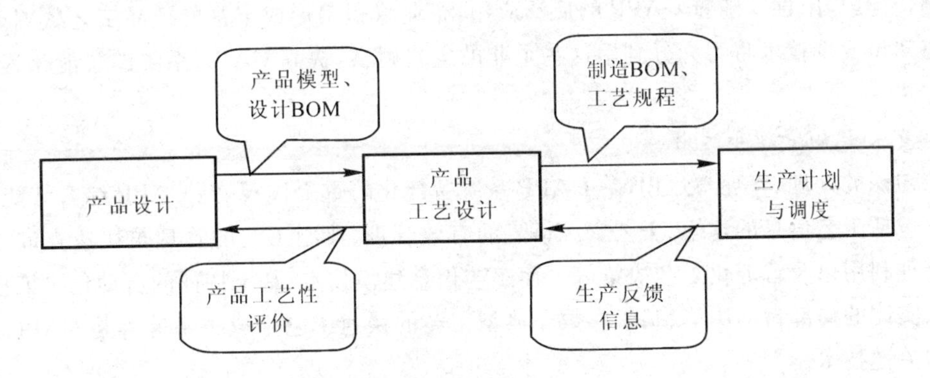

图3.8　产品设计/工艺设计/生产计划调度全过程集成信息流程图

总之，现代CAPP集成化涉及CAD，CAPP，CAM，PDM，ERP等应用软件的信息集成与共享、过程集成和生命周期产品数据的管理。

3.3.2　现代 CAPP 的智能化

交互式 CAPP 促进了 CAPP 在企业中的应用，但不能完全满足企业提高工艺质量以及工艺规范化、标准化等方面的要求。同时，建立以交互式 CAPP 为基础的制造工艺信息系统，并不排斥在 CAPP 智能化方向的努力。在建立丰富的工艺知识库基础上，应用各种计算机智能决策技术，实现各阶段各种有效的智能化在线辅助，仍是 CAPP 发展的重要目标。

综合智能化工艺设计指的是充分发挥计算机和工艺人员的特点和特长，综合运用交互式、检索修订式以及智能决策方式等工艺设计模式，最大限度地提高工艺设计效率和质量，保证工艺信息的完整性和一致性，增强系统的集成性。

所谓综合运用交互式、检索修订式以及智能决策方式等工艺设计模式不是简单地将其叠加，而是有机地融合、渗透。用户是工艺决策的主体，要充分发挥人的智能优势，在系统应用过程中不断实现系统智能，有效地辅助工艺人员，更好地发挥 CAPP 系统的效率。

在一个企业 CAPP 应用的早期阶段，交互式设计是主要的设计方式。随着工艺数据与知识的大量积累，不仅交互式设计的效率将大大提高，更为重要的是为各种智能决策功能的开发提供了很好的条件和基础。

1. 计算机辅助工艺标准化、规范化

CAPP 的应用将大大促进工艺的标准化，反之，工艺的标准化又是提高 CAPP 应用效果的重要方面，并将从根本上提高工艺设计的质量。无论是早期的成组工艺，还是企业内部开展的标准化工作，由于受计算机应用基础的限制，取得的实际效果有限。在面向产品的 CAPP 应用模式下，工艺的标准化、规范化可贯穿在 CAPP 的应用过程中，并可开发工艺标准化、规范化的计算机辅助工具软件。

2. 工艺知识自动获取

学习是智能的重要特征。机器学习是 CAPP 智能化的重要方面，国内外在应用人工神经网络(ANN)等人工智能技术进行工艺知识自动获取方面做了许多的研究工作，但受训练样本等的限制，有其局限性。随着 CAPP 的广泛应用，企业将积累形成丰富的产品工艺数据库，数据挖掘与知识发现技术将为充分利用这些企业的宝贵财富，提高 CAPP 系统的智能化程度提供新的方法。

3. 工艺知识的管理和运用

工艺知识的处理、管理与运用，是 CAPP 系统智能化的重要体现，是 CAPP 综合智能化的基础。它包括工艺信息的建模、工艺资源信息的有效管理、典型工艺的管理与快速查询、制造资源的合理利用以及智能化工艺决策等。而工艺信息建模技术、基于特征的自动化决策技术、基于工艺实体的局部自动决策、基于参数化典型工艺的快速工艺生成技术等等是 CAPP 综合智能化的关键技术。

4. 基于信息模型驱动的工艺关联设计技术

通过系统分析工艺信息结构及其内在联系、工艺信息集成需求，建立工艺信息模型，并对工艺属性进行约束，建立属性之间的内在关系以及系列化工艺关联设计功能。例如自动计算、约束选取、工艺资源信息选取、工艺资源数据库动态连接查询、工艺电子手册的使用等，以促进工艺信息的规范化、标准化，提高工艺信息的一致性、完整性。

5. 基于实例的相似工艺自动检索

采用相似工艺检索技术，不仅可大大减少工艺人员的工作强度和对有经验工艺人员的依赖，而且会提高产品工艺的继承性和重用性，促进工艺的标准化。在综合智能化设计模式下，相似工艺的自动检索是基于实例的相似工艺自动检索。成组技术、基于实例(Case - Based)的技术、模糊逻辑等是实现基于实例的相似工艺自动检索的基础。

6. 参数化工艺设计技术

工艺的标准化、规范化为参数化工艺设计奠定了基础。对于系列化产品以及大规模定制生产模式，参数化工艺设计是一种十分快捷而有效的工艺设计模式，可以通过总结归纳典型工艺，确定工艺的关键参数，建立参数化典型工艺数据库，实现基于零部件工艺参数的检索设计。这种技术正在研发之中，预计不久就可以投入使用。

7. 模块/单元化工艺设计技术

模块/单元化工艺设计是参数化工艺设计方式的进一步发展。其核心思想是制造工艺是由一系列规范化的操作根据一定规则组成的，而这些规范化操作的选用取决于零部件工艺参数、工艺要求及其相互关系。规范化操作可以是一个工序、一个工步、多个工序的组合、多个工步的组合等。在建立好规范化操作数据库的基础上，利用参数化设计技术、专家系统技术，实现模块/单元化工艺设计。这种技术正在研发之中，预计不久就可以投入使用。

8. 基于对象的推理及专家系统技术

全面实现工艺决策的自动化十分困难，但计算机在处理对于规律性强、繁琐、重复工作多的工艺决策任务等方面具有很大优势，有必要而且完全可以实现此类工艺决策专家系统。

显然，面向产品的CAPP应用为开发各阶段各种有效的智能化在线辅助决策功能提供了坚实的实践基础，也必将把CAPP的智能化发展推向一个新的阶段。

3.4　现代CAPP体系结构与开发模型

CAPP是典型的复杂系统：从系统功能看，涉及数据管理、图形处理、计算与逻辑决策等不同类型的功能；从应用性质看，不同的应用环境对CAPP有不同的功能需求，所涉及的工艺信息模型与知识也不尽相同；从集成角度看，CAPP涉及不同层次的应用和相关系统的信息交换；从工作性质看，随着企业制造工艺水平和生产管理水平的提高，工艺信息模型与知识将随之变化。因此，现代CAPP系统综合应用人机交互技术、数据处理技术、图形处理技术、知识库技术、人工智能技术、系统开放技术等才能实现。

3.4.1　现代CAPP系统总体结构

现代CAPP系统总体结构可划分为4个层次，即CAPP系统运行环境、CAPP支撑系统、CAPP应用开发平台、CAPP应用系统，如图3.9所示。

1. CAPP系统运行环境

传统CAPP系统的运行环境有“工作站＋Unix/X－Windows操作系统”和“微机＋

Windows/Windows 9x/Windows NT 操作系统”两种。当前,计算机网络已成为 CAPP 应用开发环境,因此现代 CAPP 应用系统运行环境是“计算机网络＋微机＋Windows/Windows 9x/Windows NT 操作系统”。

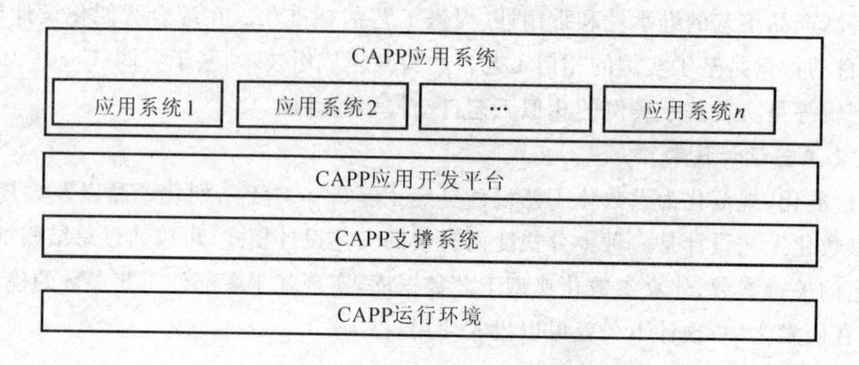

图 3.9 现代 CAPP 系统总体结构

2. CAPP 支撑系统

企业产品的工艺数据量巨大,从数据的安全性和可靠性、信息集成与共享、应用成熟的数据管理技术等方面来看,数据库管理系统已成为 CAPP 应用的重要支撑系统。此外,工艺图形处理是 CAPP 的内容之一,因此绘图系统也是 CAPP 的支撑系统。

3. CAPP 应用开发平台

CAPP 应用开发平台是一个以交互式为基础的 CAPP 应用支撑软件,它确立 CAPP 应用系统的基本框架、基本工作流程和基本功能,并提供丰富的应用开发工具。

4. CAPP 应用系统

面向特定企业所建立的现代 CAPP 应用系统应以 CAPP 平台为基础进行开发。各 CAPP 应用系统的区别在于为企业建立的工艺信息模型、工艺知识库、应用支持构件以及企业专用程序模块不同。

3.4.2 现代 CAPP 系统开发模型

针对现代 CAPP 系统的需求,首先应以交互式 CAPP 方法论为基础,寻求 CAPP 应用的共性,建立以知识库为基础的交互式 CAPP 应用框架。在该应用框架下,将随不同企业生产环境而变化的工艺信息模型、工艺数据库等作为专用知识信息进行处理。这种方案易于修改和扩充。在开发具体 CAPP 应用系统时,仅仅修改可变部分(建立企业专用知识库)和进行系统动态集成。

在此基础上,针对 CAPP 应用的集成化、智能化等发展需求,一方面,CAPP 平台开发者通过提供丰富的应用开发工具,方便用户进行二次开发,形成开放的 CAPP 开发平台;另一方面,CAPP 平台开发者将在应用过程中不断改进 CAPP 应用框架。其开发模型如图 3.10 所示。

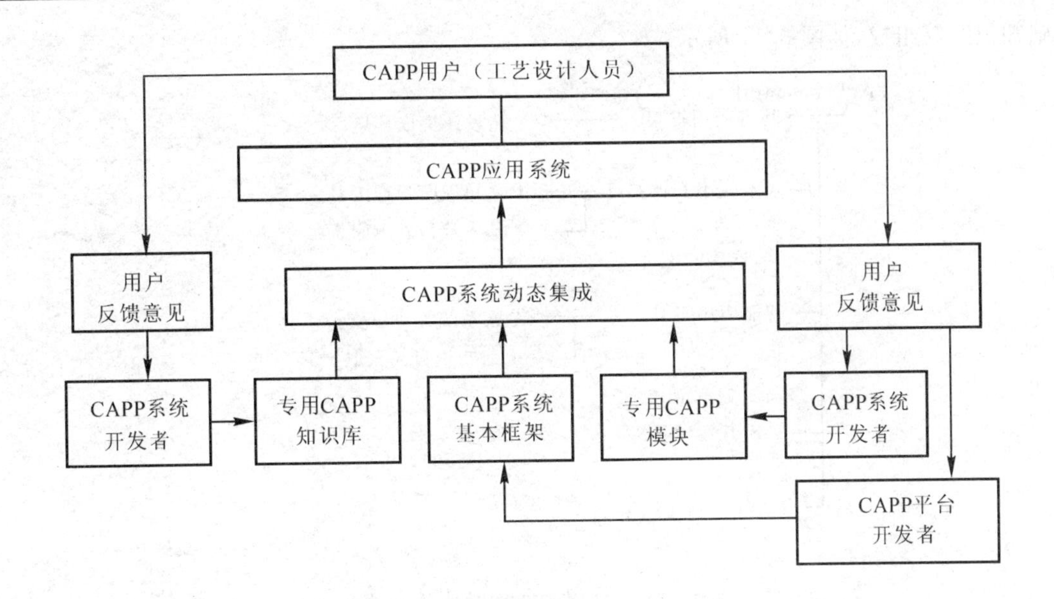

图3.10　现代CAPP系统开发模型

3.5　CAPP应用开发平台——CAPPFramework

3.5.1　CAPPFramework的基本目标与组成

CAPPFramework是一个"以工艺知识库/产品工艺数据库为核心，以交互式设计为基础，集成工艺知识库管理工具等应用支持工具的CAPP平台软件。它能广泛应用于各种不同类型和层次的企业以及企业不同层次的各个工艺部门，并将不断集成各类二次开发工具和在不同应用层次上实现集成化"。其基本目标是：

(1) 向用户提供通用的CAPP应用系统基本结构和标准的用户界面。在这一框架下，系统通过实施可满足各种不同产品类型和生产规模的企业、企业的不同部门(如机械加工、装配、钣金冲压、焊接等工艺部门)对计算机辅助工艺设计的需要，支持企业多层次(如管理层、车间层、单元层)、分阶段(如试制阶段、批生产阶段)的CAPP应用及实现全部产品零部件的计算机辅助工艺设计。其中包括可以使用户对工艺数据模型、各类工艺卡片、各类(如工装设备、工时、材料定额)统计汇总功能进行自定义，从而彻底摆脱原有的针对特定生产环境、特定工艺类型、特定产品对象的专用CAPP应用开发模式，建立可快速形成CAPP应用系统并可在广泛应用基础上不断进行扩充完善的快速、渐进应用开发模型，以满足企业对CAPP的广泛应用和对产品工艺信息共享的需求。

(2) 开发功能丰富的应用支持工具和二次开发工具，以满足用户对CAPP的多方面、深层次应用和发展需求，使其成为开放的CAPP应用开发平台。

(3) 建立开放的CAPP系统结构，制定相应的CAPP技术规范，全面支持企业多层次、分阶段的CAPP应用，并推进CAPP的工程化、产业化。

CAPPFramework由基本应用框架、基本应用工具、智能应用工具、二次开发工具、CAPP

基础知识库等组成，如图 3.11 所示。

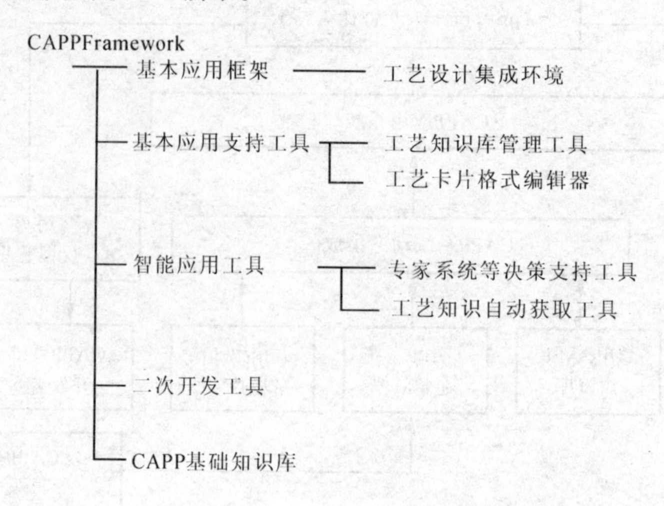

图 3.11　CAPPFramework 基本组成

1. 工艺设计集成环境

工艺设计集成环境是以产品工艺数据为中心的集工艺设计与管理为一体，集成检索、修订、生成等多工艺决策混合技术及多种人工智能技术的智能交互式 CAPP 基本应用框架。在实际应用中，工艺设计集成环境通过与 CAPP 知识库中定义的面向对象 CAPP 信息模型的动态集成，支持工艺人员进行工艺设计与管理。

2. 基本应用支持工具

工艺知识库管理工具与工艺卡片格式编辑器是 CAPPFramework 的基本应用支持工具。面向对象工艺知识库管理工具是 CAPPFramework 的关键应用支持工具；工艺卡片格式编辑器是为用户提供以图形方式交互定义工艺卡片格式的应用支持工具。

3. 智能应用工具

基于面向对象的工艺知识库系统，CAPPFramework 将实现应用专家系统等人工智能技术的智能决策支持工具，以及应用数据挖掘与知识发现等机器学习技术的工艺知识自动获取工具。

4. 二次开发工具

二次开发工具是一个软件支撑系统的重要组成部分，可支持用户化专用功能模块的开发。

5. CAPP 基础知识库

基于 CAPP 基本类体系结构，应用工艺知识库管理工具建立了内容丰富的 CAPP 基础知识库。在此基础上，用户可以使用面向对象 CAPP 知识库管理系统，建立企业专用的 CAPP 工艺知识库。从逻辑上看，CAPP 工艺知识库包括了机床设备库、刀具库、夹具库、量具库、切削参数库、材料库、典型工艺（工序、工步、工艺术语等）库、规则库等，为工艺设计提供强大的支持，并使用户逐步告别工艺手册。

3.5.2　基于 CAPPFramework 的 CAPP 应用系统软件结构

基于 CAPPFramework 的 CAPP 应用系统是基于知识的交互式 CAPP 系统，其软件结构如图 3.12 所示。

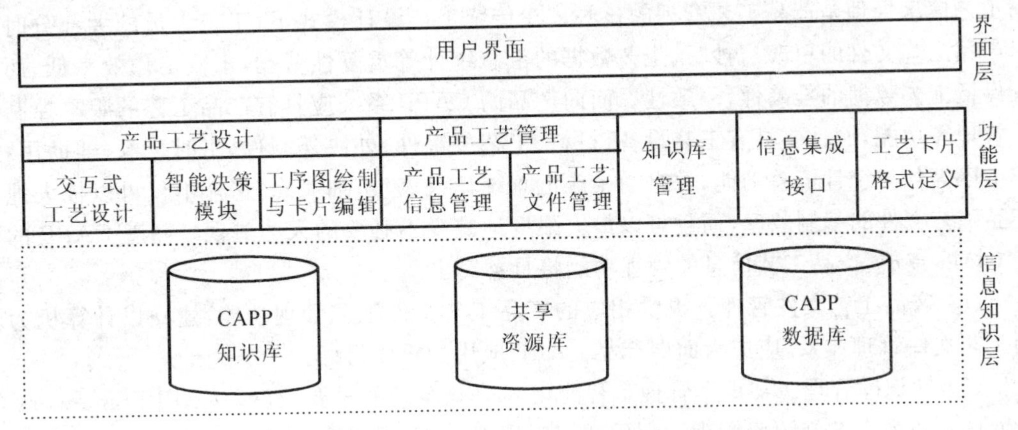

图 3.12　基于 CAPPFramework 的 CAPP 应用系统软件结构

1. 共享信息/知识层

CAPPFramework 以对象这种通用模型表示工艺设计中用到的各种工艺信息与知识。逻辑上包括 CAPP 知识库、产品工艺数据库。

(1) CAPP 知识库:CAPP 知识库存放 CAPP 信息模型、工艺数据、工艺规则等,是 CAPP 系统智能化的基础。

(2) CAPP 数据库:CAPP 数据库存放产品工艺数据及相关的产品设计数据。CAPP 数据库的结构由 CAPP 知识库定义,它与所定义的知识库是一个统一的整体。

此外,在企业集成环境下,实现 CAPP 知识库与企业已有的共享资源库的集成,是 CAPP-Framework 所要解决的关键问题之一。具体的集成方案有两种:一种是将共享资源库中的数据通过接口装入 CAPP 知识库;另一种是实现 CAPP 知识库与共享资源库的实时动态集成。从发展看,实时动态集成方案是解决问题的根本途径。

2. 系统功能层

(1) 交互式工艺设计。传统的手工工艺设计采用基于工艺卡片填写的工作方式,因此,一些 CAPP 系统采用了基于卡片填写的交互式 CAPP 模式,这虽然在形式上照顾了工艺设计人员的习惯,但在内容上难以保证工艺数据的一致性,因而难以适应企业对工艺信息共享与集成的需要,更不利于工艺人员建立以计算机为工具的现代工艺设计方式。

CAPPFramework 采用以数据定义为基础的交互式工艺设计模式,其基本思路是:工艺人员不针对具体工艺卡片格式,而在统一的标准界面下,采用数据定义方式进行工艺设计。设计完成后或在设计过程中,通过通用工艺卡片打印工具,以卡片形式浏览或打印输出。在这一实现模式下,工艺数据的一致性可以得到最大限度的保证,而且在工艺知识库的支持下,可以实现产品工艺的标准化、规范化。

(2) 工序图绘制与工艺文件编辑。工序图绘制是产品工艺设计工作的重要组成部分。提供方便的工序图绘制与工艺文件编辑功能是提高工艺人员工作效率的重要方面。

(3) 智能决策。在交互式工艺设计环境下,提供采用检索、修订、生成等多种工艺决策混合技术和多种人工智能技术的综合智能决策功能,部分实现工艺设计的自动化,以提高工艺设计效率和产品工艺的标准化、规范化程度。

(4) 产品工艺信息管理。在制造企业中,产品工艺管理在工艺工作中占有重要地位,而产品工艺信息管理是产品工艺管理的核心。在传统工艺设计模式下,工艺人员的大部分时间用于产品工艺文件的更改与抄写、工艺数据的汇总统计等重复性劳动,不仅工作效率低,而且很难保证工艺数据的准确性、一致性。面向产品的 CAPP 系统应具有产品工艺的版本控制与更改管理等功能,而且要具有工装设备、材料、工艺关键件、外协外制件、工时定额、辅助用料、关键工序等各类统计汇总功能,并自动生成汇总统计报表(明细表)。这样不仅可以极大地提高产品工艺文件的编制效率,而且可以最大限度地减少不必要的人为失误。随着 CAPP 的应用及 CIMS 集成,产品工艺信息的管理功能将日益突出。

(5) 产品工艺文件管理。提供相应的产品工艺文件工艺管理功能,建立以计算机为基础的工艺文件管理体系,应成为面向产品 CAPP 应用的重要目标。

(6) 知识库管理。知识库管理是智能化 CAPP 系统的重要功能。CAPPFramework 实现了面向对象的工艺知识库管理。利用知识库管理功能,用户可以针对企业的实际情况建立工艺信息模型,在此基础上,用户可以用层次化方式建立自己的机床设备库、刀具库、夹具库、量具库、切削参数库、材料库、典型工艺库(工序、工步、工艺术语)等,为工艺设计提供支持,并使用户逐步告别工艺手册。

(7) 工艺卡片格式定义。在实际企业生产中,各种工艺卡片繁多,一般包括工艺卡片目录、工艺过程卡、工艺路线卡、工序卡(含机械加工工序卡、特种检验卡、热处理卡、表面处理卡、检验卡、毛坯卡等)、工艺装备品种表(含刀具清单、夹具清单等)等数十种。而在各个企业中,工艺卡片很少有完全相同的,且同一企业中的工艺卡片也在不断进行修改。

应用工艺卡片格式定义功能,用户可方便地以图形方式进行工艺卡片格式定义,而与产品工艺数据保持独立,以适应生产工艺和生产管理的变化。

(8) 集成数据接口。通过集成数据接口,实现 CAPP 与 CAD,ERP,PDM 等企业计算机应用系统的信息集成与共享。传统的 CAD/CAPP 集成主要是指零件特征信息的获取,而面向整个产品的 CAD/CAPP 集成的主要内容是产品结构 BOM 及零件总体信息的获取;CAPP/PDM/ERP 的集成主要是产品制造 BOM 的输出。

3. *用户界面层*

用户界面作为应用软件系统人机交互的接口,直接影响着软件的使用。传统的以自动化为目标的 CAPP 系统对软件的用户界面重视较少,而在交互式设计模式下,用户界面的设计具有重要的意义。

CAPPFramework 利用面向对象构件类库,建立了通用的图形化界面。进一步,可实现 CAPPFramework 应用系统界面的客户化定制,以适应不同类型的用户需求。

第4章　工艺知识处理技术

工艺过程设计涉及的范围十分广泛，用到的信息量和知识量相当庞大。因此，对工艺知识进行系统化分析，建立丰富的工艺知识库，不仅是CAPP快捷设计以及智能化的基础，而且对智能制造等先进制造系统的实现具有重要意义。

4.1　知识及知识表示

4.1.1　数据、信息与知识

随着社会的发展与进步，信息在人类生活中的作用必将越来越重要。但是，信息是需要用一定的形式表示出来才能被记载和传递的，尤其是用计算机存储与处理信息时，必须用一组符号及其组合来表示信息。像这样用一组符号及其组合表示的信息称为数据。

由此可见，现在我们所说的"数据"已不仅仅是通常所说的"数"，而是对它在概念上的拓广和延伸。它泛指客观事物数量、属性、位置及其相互关系的抽象表示。它既可以是一个数，例如整数、小数、正数、负数，也可以是由一组符号组合而成的字符串，例如一个人的姓名、地址、性别或者一个消息等等。

数据与信息是两个密切相关的要素。数据是信息的载体和表示，信息是数据在特定场合下的具体含义，或者说信息是数据的语义，只有把二者密切结合起来，才能实现对现实世界中某一具体事物的描述。另外，数据与信息又是两个不同的概念。对同一个数据而言，它在某一场合下可能表示这样一个信息，在另一个场合下，可能又表示另一个信息。例如，数字"6"是一个数据，它既可以表示"6家企业"、"6台机床"，也可以表示"6个工艺人员"等。同样，对同一个信息，在不同场合下也可以用不同的数据表示，正如对同一句话，不同的人会用不同的言词来表达一样。

人们把实践中获得的信息关联在一起，就得到了知识。知识是人们在长期生活、社会实践中以及科学研究和实验中积累起来的对客观世界的认识和经验。其中，应用最多的一种关联形式是"如果……，则……"的形式，它反映了信息间的某种因果关系。例如，我国北方的人们经过多年的观察发现，每当冬天要来临的时候，就会看到一群群大雁朝南方飞去，于是把"大雁朝南飞"与"冬天就要来临了"这两个信息关联在一起，就得到了这样一条知识：如果"大雁朝南飞"，则"冬天就要来临了"。因此，我们把有关信息关联在一起所形成的信息实体称为知识。

另外，在人工智能中，通常把不与其他信息关联的信息也称为知识，或者具体地称为"事实"或者"原子事实"，而把用"如果……，则……"关联起来的知识称为"规则"。例如把某病人的病症"头痛"、"流涕"等称为事实，而把医生的经验"如果头痛并且流涕，则有可能患感冒"称为规则。有时也可不明确地区分这两种情况，统称它们为知识。

1. 知识的特性

知识具有下列特性：

(1) 知识的客观性。虽然知识是人脑对信息加工的成果，但这些成果是客观的，人类对自然、社会、思维规律的认识是客观的，这些规律的运行是不以人的意志为转移的。

(2) 知识的相对性。人类对自然、社会、思维规律的认识必须有一个过程。在一段时间内认为正确的东西，经过变革，可能发生变化。

(3) 知识的进化。人类在认识客观世界和主观世界的过程中，所获得的知识不断丰富、更新和深入，例如对物质世界结构的认识，对基因的认识，等等。

(4) 知识的依附性。知识有载体，载体分层次。离开载体的知识是没有的。随着载体的消失，知识也跟着消失。

(5) 知识的可重用性。在使用过程中知识可以反复重用。当然，要根据具体情况具体分析，灵活运用知识。

(6) 知识的共享性。基础研究一般由政府进行投资，所得到的科学知识具有共享性；但最新的技术知识受到知识产权法保护，使用者只有支付一定的费用，才能获得这种知识的使用权。知识产权的保护对发展技术经济和知识经济是非常重要的国策。

2. 知识的分类

知识有很多种，从不同角度进行划分，可得到不同的分类方法，这里仅介绍其中常见的几种。

若就知识的范围来划分，则知识可分为：

(1) 常识性知识：通用性知识，它是人们都知道的知识，适用于所有领域。

(2) 领域知识：面向某个具体领域的知识，是专业性的知识，只有相应的专业人员才能掌握并且用来求解有关的问题。例如某一领域专家的经验及有关理论就属于领域知识。专家系统主要是以领域知识为基础建立起来的。

若就知识的作用及表示来划分，则知识可分为：

(1) 事实性知识：用于描述领域的有关概念、事实、事物的属性、系统状态、环境和条件。

(2) 过程性知识：用于描述做某件事的过程，它是通过对客观世界的观察与思考、比较与分析得出的规律性的知识，由问题领域内的规则、定律、定理及经验构成，其表示形式既可能是一套解决某些标准子问题的过程，也可能是一个标准函数或者产生式系统中的一组产生式规则等。过程性知识提供有关状态的变化、问题求解过程的操作、演算和动作的知识。对于一个智能系统来说，过程性知识是否丰富、完善将直接影响到系统的性能及可信度。

(3) 控制性知识：控制性知识又称为深层知识或者元知识，它是“关于知识的知识”，包含有关各种处理过程、策略和结构的知识，常用来协调整个问题求解的过程。这种知识又可具体地分为两类：一类是关于我们所知道的什么知识的元知识，这些元知识刻画了领域知识的内容和结构的一般特征，如知识的产生背景、范围、可信程度等等；另一类是关于如何运用我们所知道的知识的元知识，例如问题求解中的推理策略等。关于表达控制信息的过程，按可表达形式的级别高低，可以分成 3 大类，即策略级控制(较高级)、语句级控制(中级)以及实现级控制(较低级)。

若就知识的确定性来划分，则知识可分为：

(1) 确定性知识：指可指出其“真”或“假”的知识。

(2) 不确定性知识:泛指不完全、不精确及模糊的知识。

若就知识的结构及表现形式来划分,则知识可分为:

(1) 逻辑型知识:反映人类逻辑思维过程的知识,例如人类的经验性知识等。这种知识一般都具有因果关系及难以精确描述的特点,它们通常是基于专家的经验,以及对一些事物的直观感觉。在下面将要讨论的知识表示方法中,一阶谓词逻辑表示法、产生式规则等就是用来表示这一种知识的。

(2) 形象性知识:除了逻辑思维方式之外,还有一种称为"形象思维"的思维方式。例如,我们问"什么是树",如果用文字来回答这个问题,那将是很困难的。但若指着一棵树说"这就是树",就很容易在人们的头脑中建立起"树"的概念,像这样通过事物的形象建立起来的知识称为形象性知识。目前,人们正在研究用神经元网络来表示这种知识。

如果撇开知识涉及领域的具体特点,从抽象的、整体的观点来划分,则知识可分为:

(1) 零级知识:指问题领域的事实、定理、方程、实验对象和操作等常识性知识及原理性知识。

(2) 一级知识:指具有经验性、启发性的知识,例如经验性规则、含义模糊的建议、不确切的判断标准等。

(3) 二级知识:指如何运用上述两级知识的知识。在实际应用中,通常把零级知识与一级知识统称为领域知识,而把二级以上的知识统称为元知识。

这种知识的层次划分还可继续下去,每一级知识都对其低层的知识具有指导意义。

4.1.2　知识表示

所谓知识表示(Knowledge Representation),就是以一定的形式对所获取的领域知识进行规范化表示,即知识的符号化过程。目前,经常使用的知识表示方法有产生式规则(以下简称规则)、框架、谓词逻辑、语义网络等。至于针对某一具体问题应采用哪种知识表示方法,则与问题的性质和求解的方法有密切的关系。

一种好的知识表示方法应满足下列几点要求:

(1)表达能力:指该表示方法能正确地、有效地将问题求解所需要的各类知识表示出来;

(2)可访问性:指系统能有效地利用知识库的知识;

(3)可扩充性:由该表示方法组成的知识库可以很方便地加以扩充;

(4)相容性:知识库中的知识应保持一致;

(5)可理解性:所表示的知识应易读、易懂,便于知识获取、知识库检查、修改及维护;

(6)简洁性:知识表示应简单、明了且便于操作。

1. 谓词逻辑表达

基于逻辑的表达是最早使用在人工智能领域的描述知识的方法。它主要运用命题演算和谓词演算等形式来描述一些事实,还能根据现有事实推导出新的事实。到目前为止,能够表达人类思维和推理的最精确、最成功的形式语言就是逻辑。

一阶谓词逻辑是谓词逻辑中最直观的一种逻辑,它以谓词形式来表示动作的主体、客体(都可以有多个)。如有张三和李四打网球(ZhangSan and LiSi play tennis)这一事实,这里的谓词是 play,动作的主体是 ZhangSan 和 LiSi,而客体是 tennis,可用谓词逻辑表示为:

Play(ZhangSan,LiSi,tennis)

谓词逻辑规范表示式为：

$P(x_1, x_2, x_3, \cdots)$

其中用 P 表示谓词，用 x_i 表示主体与客体，这是一阶谓词逻辑，最为常用。如果式中的 x_i 代表的不是简单的主、客体，而是作用于别的主、客体的谓词，则就是高阶谓词表达式。

从一定形式(如一阶谓词逻辑形式)表示的一组公理中推导出另一种逻辑上等价的表示形式的过程，称之为推理规则，这是逻辑体系的基础。例如最简单的推理规则是：给定 A(“有 A”)和 A→B(“A 决定 B”)，就可导出结论 B，形式上可写成 A→B/B。

逻辑表示是说明型表示，其模块性较好，可读性较高，易于知识的修改和维护。谓词逻辑本身具有比较扎实的数学基础，表达严密、科学。一阶谓词逻辑还具有完备的逻辑推理算法，如果对逻辑的某些外延加以扩展，就可以表达常见的大部分知识。但是从知识利用角度来看，由于其推理策略和过程比较冗长，当用于较大规模的知识库时，会发生“组合爆炸”问题。

2. 基于规则的表达

规则表示的一般形式是：

IF＜前提或条件＞ THEN＜结论或动作＞

规则的表示具有固有的模块特征，且直观自然，又便于推理，因此获得了广泛应用，许多工艺决策专家系统都采用规则表示工艺知识。例如，一条加工链选择知识可表示为：

IF　特征是孔　AND
　　孔径 ＞ 20　AND
　　精度等级 ＞＝7　AND
　　精度等级 ＜＝9　AND
　　表面粗糙度 R_a＞＝0.8　AND
　　表面粗糙度 R_a＜＝3.2

THEN

　选择加工链 钻－扩－铰

3. 面向对象的表达

在 3.2.2 小节中已介绍过的面向对象方法的基本观念，就是认为世界由各种“对象”组成，复杂的对象可由相对比较简单的对象以某种方法组成。甚至整个世界也可以看做是一个复杂的对象，可从一些最原始的对象开始，经过层层组合而成。作为一种知识表示方法，面向对象的表达是一种结构化的表达方式。

同时我们也介绍了相同类型的对象可以划分成类，每种对象类都定义了一组“属性”(Attribute)和一组“方法”(Method)。方法实际上可看成允许作用在该类对象上的各种操作，对该类中的对象操作都可应用相应的“方法”于该对象来实现。

对象的特性之一是其封装性，对象的外部接口使外界只能知道对象的外部特征具有哪些处理能力，而对象的内部状态及处理的具体实现对外部是不可见的，即信息隐藏。

具有公共属性的类可以综合成一个更抽象的对象类，即超类。它把它的特性遗传给它的下层，下层也可以通过重新定义属性和方法修改上层的定义。下层是上层的子类，这种上、下层的方法可以构成一个分层次的数据结构。

把位于上层的属性和方法传输给下层的机理称为继承，即一个类可以继承上层的所有超类的全部属性和方法。这种机理用来避免冗余地处理类似的对象以及下层对象的公共属性。

一个具体对象的生成过程称为对象类的实例化，所生成实例的属性和方法可以用具体的值来填充。

面向对象的知识表示适合于描述专题领域中出现的对象。其模块性、结构性较好，且能与过程性知识融为一体；对象的继承特性能使知识层次化，并可避免不必要的重复描述，有利于知识的“部件化”和提高可重用性。另外，由于对象系统中一个对象可向多个对象同时发送信息，故能实现并行处理。由于上述特点，近年来其应用日渐广泛。

4. 模糊知识的表示方法

(1)模糊知识：由于现实世界中，绝大数事物或现象本身都是表露不全或界线模糊的，从而我们对客观事物的认识，亦即人的知识也只能是模糊的，不可能用完全精确的语言来表达。这从客观上要求知识的表示方法必须能反映某种“模糊性”。

(2) 模糊谓词：模糊谓词可以有以下两种定义：

1) 把模糊谓词定义取值在[0,1]的命题，0 表示假(F)，1 表示真(T)，二者之间的值表示非 T 非 F 的模糊状态。

2)把模糊谓词定义为“语言真值”的命题，“语言真值”用[0,1]上的模糊子集表示，它们在语义上表示一种真假的程度。例如“全真”、“很真”、“相当真”、“比较真”、“不太真”、“不真不假”、“不太假”、“比较假”、“相当假”、“很假”、“全假”等。

(3) 产生式规则：我们可采用下述几种方式来表示模糊规则：

1) 条件模糊化；

2) 动作模糊化；

3) 设置可信度 CF。

4.2　工艺知识分析与获取

4.2.1　工艺知识分析

工艺知识属于专业领域知识，包括专家的启发性经验、事实性知识及过程性知识。在工艺过程设计中，每一时刻都在综合运用这几种知识，例如工艺方法的选择、装夹方案的确定、工艺路线的安排等决策过程中都包含着决策规则的启发性知识、事实性知识以及问题分析、理解、优化处理知识等。

根据工艺专家在运用知识时对各种类型知识的控制，把工艺知识划分成 4 个层次：概念层、方法层、控制层和任务层，如图 4.1 所示。

(1) 概念层：包括各种领域概念、事实和用于描述研究对象的各种结构及用于定义和划分各种类型的概念术语。例如加工方法、加工能力、机床设备、工序等对象结构的描述。

(2) 方法层：决策方法和经验等描述对象间内在关系的启发性知识，研究对象的结构、功能及行为关系的描述和对研究对象进行专门分析决策的知识，可解析问题的算法或数学模型。例如工艺方法的选择知识、资源配置知识、产品可制造性分析知识等。

(3) 控制层：包括方法层知识的触发控制、基本问题的求解策略等，监视各目标求解的执行过程。例如，工艺决策过程的子任务规划等。

(4) 任务层：包括任务规划、目标设定以及运行过程管理控制等。

工艺知识的来源有 4 个方面：

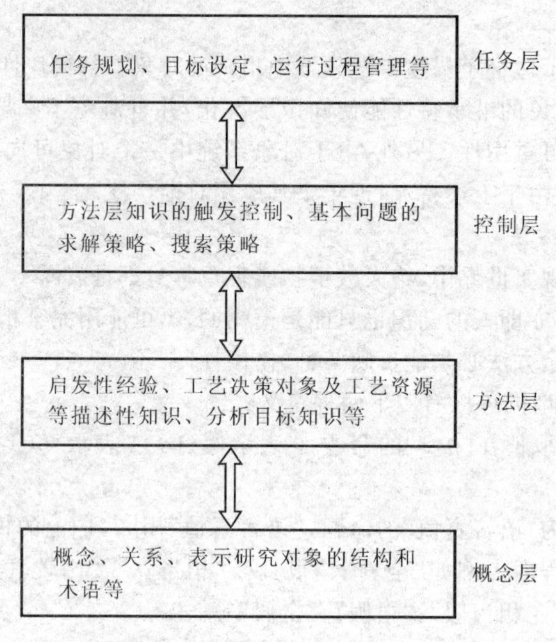

图 4.1　工艺知识层次划分

(1) 书本：这方面的知识一般规律性强，多以规范化的表格、公式、图形等形式出现。其知识范围有限，因普遍适用性而未能考虑具体系统的特殊性，一般需要改造方可使用。

(2) 工艺领域的专家：这是 CAPP 专家系统中知识的主要来源。工艺专家具有丰富的经验，而且对解决具体问题有很实用的方法策略。这类知识多以语言形式表达，知识获取难度较大，并且由于专家个人的经验总结，具有一定程度的相对性、不完全性和不确定性。

(3) 制造环境：它是工艺设计的主要约束，为使工艺设计结果实用性好，工艺知识中必须包含制造环境的描述知识。这类知识一般以说明书、文档、表格等形式表达，需要建模和提取。

(4) 工艺实例：工艺实例以事例的形式来说明工艺决策中一些领域知识。这类知识是人类专家所特有的、解决实际问题的主要依据之一，需要知识工程师总结归纳形成一定规律性的东西，并需要专家审核确定。

4.2.2　知识获取

知识获取(Knowledge Acquisition)就是抽取领域知识并将其形式化的过程。工艺决策知识是人们在工艺设计实践中积累的认识和经验的总和。工艺设计经验性强、技巧性高，工艺设计理论和工艺决策模型化研究仍不成熟，这使工艺决策知识的获取更为困难。目前，除了一些工艺决策知识可以从书本或有关资料中直接获取外，大多数工艺决策知识还必须从具有丰富实践经验的工艺人员那里获取。

原则上，人们将知识获取的方式区分 3 种类型：间接的知识获取、直接的知识获取和自动的知识获取。

1. 间接知识获取

人类知识的采集是困难的，原因之一在于人的记忆方式。因为只有很有限的一部分知识可随时主动调用，而大部分知识常常是无意识的，不能通过有意识的学习过程获取，而只有通过经验获取。因此需要投入专门人员来获取知识，他们的任务是访问专家和采集专家的知识，并加以取舍、构造和抽象，以便可在计算机中存储和处理。这些专门人员被称为知识工程师(Knowledge Engineers)。

间接获取知识时，可采用访问、观察和询问等方法。访问过程中知识工程师要提前熟悉专门领域，然后再向专家提出专门问题，并由此再现专家的思维过程和方式。知识工程师构造和格式化已采集的知识，以便使编程人员能将其转换成计算机代码和程序。

2. 直接知识获取

人们在实践中也提出了由专家自己进行知识获取，而不通过知识工程师的方法。因为经验证明间接知识获取法是比较昂贵的，同时由于专家和知识工程师在相互理解方面常常存在分歧，以致容易发生错误。但是领域专家最好能得到方便的知识获取工具的辅助，例如通过良好控制的对话系统，以便较好地实现知识获取。专家以对话方式输入论据，并回答由此引发的后续问题。论据输入时应尽量采用格式化方式，并通过语法、语义的一致性检测，然后由系统把知识转化成计算机内部的表达形式。

3. 自动知识获取

自动知识获取的目的在于把文字形式知识源的知识转化到计算机上或从实际例子中获得知识。自动获取知识的方式有：

(1) 从可供使用的文献中选取知识。例如由课本、书籍中选取知识并独立地扩展这种知识。为此，可利用一种理解文字的程序在没有人直接参与的情况下阅读课本，进行语言学的分析，并转化成论据和规则的形式，然后把获取的知识内容转输进知识库。

(2) 自学习系统通过生成或类推从实例中获取知识，获取程序使新获取的知识与知识库中的知识进行对比，以避免冗余或矛盾，然后将这些新知识内容添加进知识库。

目前，知识获取领域的研究工作集中在数据库中知识的发现(KDD, Knowledge Discovery in Databases)或数据挖掘等方面。

在充分知识获取的基础上，进行知识的整理。知识的整理主要指知识的概念化和形式化。

知识的概念化主要包括以下内容：

- 需要解决的主要问题；
- 问题所涉及的主要方面；
- 问题可细分为哪些子问题；
- 问题及子问题求解所需要的知识类型；
- 确定需要解决的问题的求解方法及所需要的概念。

在知识的形式化工作中，需要把概念化阶段整理出来的概念、概念之间的关系以及领域专门知识等采用适合计算机表示和处理的方法描述出来，并选择和问题相应的控制策略。

4.2.3 工艺知识的获取

企业现行工艺文件是主要的知识源。这是因为企业工艺文件一般经过长期的生产实践考验，被证明是符合企业实际情况而且是行之有效的。工艺文件反映了工艺设计中所需要的知识，可以通过工艺文件分析工艺设计所需要的规则和各种工艺知识之间的逻辑关系。但是工艺文件反映的知识是工艺人员对某个零部件进行一系列决策的结果，而不是决策的过程和依据,因而是不完全的工艺知识。又由于工艺人员的水平差异,工艺编制时间和当时的设备条件也有所不同,因此编制的工艺存在多样性。这就造成了工艺文件上反映的知识往往存在离散性、随机性和模糊性。

工艺知识获取的主要方式是知识工程师在工艺领域专家的指导下,翻阅大量的有关文献、资料和手册,例如工艺规范、工艺规程、技术文件等,从中获取工艺决策的相关工艺知识,同时花费大量时间与工艺领域专家配合,以获取经验性知识即启发性知识。一般来说,领域专家可以很快地编制出一个零部件的加工工艺或装配工艺,但他们往往不善于讲清或者说不出为什么要这样做。他们往往不能把这些知识总结成规律性的结论。另一个知识获取的困难是多个领域专家的知识之间相互矛盾或不一致,如何处理这些矛盾,也是知识获取中的难点之一。

在收集、整理工艺知识的基础上,全面分析其特点、特性,以及工艺决策任务的分解和控制策略,最终建立一套完善的信息建模方法和知识表示模型,并根据工艺决策特点,选择和建立合适的系统构造技术。

下面详细介绍一种知识获取方法——知识对象模型法。

知识获取和分析的过程不仅仅是一个专家经验转换的过程,而且是知识工程师与领域专家之间理解问题领域重要因素的合作与交流的过程。通常在这个过程中,对专家经验采取建模的方式,即知识建模。

应用面向对象技术,提出知识的对象模型。首先建立领域内对象及关系模型,然后确定领域求解任务及求解策略。对象及对象间关系的识别更易为专家所理解,在对象未识别之前,难以讨论和交流各决策任务。另外,首先识别领域对象,可增强获取知识的重用性,因而可以减少重复工作,提高专家系统的开发效率。

1. 知识的对象模型

知识的对象模型由 5 个层次组成:对象层、关系层、方法层、任务层和策略层。

(1) 对象层:对象层包括 4 个元素,即对象类集、对象属性集、对象属性约束集及对象实例集。

1) 对象类集:领域中由专家认定的,反映问题侧面的信息实体的集合。一个对象类可由若干其他对象类组成。

2) 对象属性集:对象类集中各个对象类需考虑的属性及其类型组成的集合。

3) 对象属性约束集:对象属性的取值范围组成的集合以及对象属性间的约束关系的集合。

4) 对象实例集:根据具体对象类从问题领域中获取的实例。建立实例集一方面在知识获取过程中可以便于对象类抽取及理解,另一方面可以对抽取的对象类进行实例验证、补充完善。

对象层描述了问题领域。例如在数控机械加工工艺设计领域,可抽取特征、加工方法、机床、刀具、加工元(加工元的概念将在第 5 章中介绍)、工步、装夹对象等等,对象类集 O 可表示为

$$O = \{特征、加工方法、机床、刀具、加工元、工步、装夹、\cdots\}$$

各对象类包含了对象的属性,如加工方法包含加工方法名称、加工能力等属性,每个属性的取值范围可以用集合来表示。如加工方法名称的值域为

$$V = \{粗车、半精车、精车、粗铣、半精铣、精铣、\cdots\}$$

(2) 关系层：关系层描述的是对象类之间及对象属性之间的内在联系。这种内在联系需要考虑3个方面：即关系的类型、涉及的因素和关系强度。

关系层所描述的关系有以下几种：

1) 对象类与对象类之间的关系；

2) 对象类与其属性之间的关系；

3) 不同对象类属性之间的关系。

事物间的关系，不仅包括一对一的关系，而且大量的是多对一或多对多的关系。根据专家意见，确定每个关系的相关因素或对象属性。相关因素的确定，有利于了解每一次决策需要考虑的影响因素，便于建立启发式规则的结构。例如加工方法由零件类型、材料、特征类型及其参数来决定，在建立加工方法选择的决策规则时就需要围绕这些因素进行构造。

关系强度描述相关因素的重要性，根据一定准则由专家给出。

(3) 方法层：方法层描述解决问题域某个侧面的操作方法名称、相关对象及关系，根据对象属性的取值范围，把关系层描述的关系具体化。

在这个过程中，需要不断进行知识的完整性、一致性检查。根据对象属性的取值范围来描述，可有效地防止出现知识的不完整性、不一致性。

方法层的描述，相当于解决具体问题的启发式规则的建立。针对每一个关系，可具体形成一个或多个启发式规则集。

(4) 任务层：任务层把问题域的求解过程看做一系列的过程或活动集，过程或活动被结构化描述，可由一系列方法来实现。

在每个过程或活动的结构中应描述：

1) 执行该过程的前提；

2) 相关对象；

3) 方法及方法的顺序；

4) 执行该过程产生的对象类。

(5) 策略层：策略层包括两个因素，即推理策略和解题方案形成策略。策略层建模需要知识工程师和专家之间形成密切配合、交流、理解，充分理解问题领域的本质。

推理策略是从人工智能角度对任务层规划的子任务给出相应的推理方法，包括知识搜索方法、匹配方法、冲突消解方法等。

解题方案形成策略从领域角度阐述信息形成过程及功能说明，信息的形成过程可以看做是对象类的继承、综合和衍生过程。

2. 基于对象模型的知识获取技术

基于对象模型的知识获取技术是以对象模型为模板，不断引发出专家知识，把专家知识分类、组织，以概念、对象、文本、数据等形式表示出来的过程。

在基于对象模型的知识获取技术中，每个知识获取过程都是以知识对象模型为模板进行的。知识工程师首先识别领域内信息实体——对象类。在对象识别的基础上，确定对象类的属性及属性值域，找出对象之间、对象属性之间的关系，并从已识别的对象和关系中识别相关的新的对象和关系，直到确定领域中所有对象。然后，确定操作领域对象和关系的方法，研究问题，求解子任务，划分、分类和组织知识单元，乃至形成问题求解策略及方案形成策略，最终得到所有领域知识。

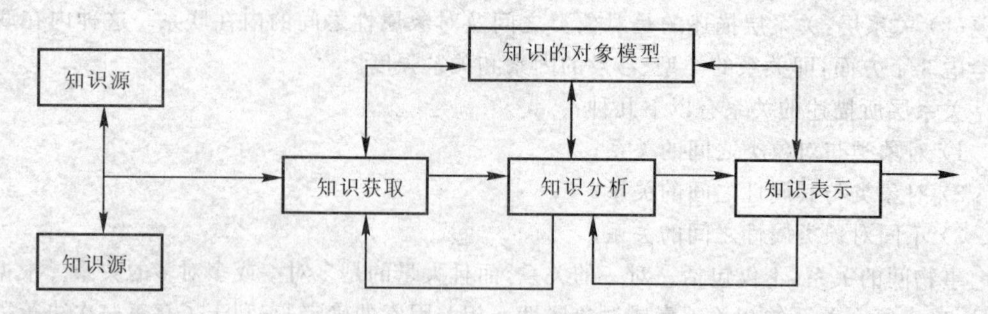

图 4.2　基于对象模型的知识获取

基于对象模型的知识获取与分析综合运用从底向上及从顶向下的技术(见图 4.2)。一方面知识的对象模型包括了丰富的领域对象、对象属性、对象值域、对象关系、推理方法、任务结构、推理策略及解题方案形成的策略,这种不断进行数据提取的办法可以看做是从底向上的方法。知识获取过程的不断往复则是从顶向下技术的应用,它指导知识的获取,不断分析、补充新的知识。

整个知识获取和分析过程分为以下阶段:

(1) 识别领域对象;

(2) 指定所识别对象的属性;

(3) 确定对象属性的值域;

(4) 确定对象属性之间的关系;

(5) 确定对象之间及不同对象属性之间的关系;

(6) 关系具体化,形成操作方法集,如关系层描述不够,则返回(4);

(7) 确定问题求解任务;

(8) 分解问题求解任务,形成子任务集;

(9) 建立子任务与操作方法的联系,如操作方法不够,则返回(6);

(10)识别领域策略知识,建立子任务、对象间的联系;

(11) 返回(1),补充新的知识,直至专家和知识工程师认可。

4.3　CAPPFramework 的工艺知识处理技术

工艺过程设计是典型的复杂问题,所涉及的范围十分广泛,用到的信息量和知识量相当庞大,根据这些知识在 CAPP 系统中的作用可将其分为:工艺信息模型、工艺数据、工艺决策知识和决策过程控制知识等。我们在 CAPPFramework 中采用面向对象技术建立了工艺信息模型。工艺数据作为对象的"实例",存储在知识库或工程数据库中,并采用产生式规则表示工艺决策知识和决策过程控制知识。由于这些知识描述了对象类及其属性之间的相互关系,因此,这些知识作为对象类的"方法",与面向对象的工艺信息模型集成在对象类中。

基于面向对象的工艺信息建模方法(见第 3 章),在 CAPPFramework 中建立了一种知识表示语言(KRL,Knowledge Representation Language),表示工艺决策知识,进行工艺决策知识库的建立、查询和维护。CAPPFramework/KRL 采用面向对象方法,以对象类为基础、对象类与产生式规则相结合的工艺知识表示方式——以对象类描述工艺信息实体的信息结构,以对象实例描述典型工艺信息,工艺决策知识以对象方法组织,以产生式规则形式来描述。同时，通过通用接口实现与工程数据库集成，使得系统能够在工艺决策和工艺设计过程中动态查询、调用工程数据库的信息，满足信息集成的需要。

4.3.1　工艺对象属性表示

一个对象具有若干个结构特性，即对象属性。例如，车床可以用型号、名称、最大加工直径、最大加工长度等属性来描述其结构特性。

一般来说，属性的值型为整型(int)、浮点型(float)、字符串型(string)等。为了描述对象关系和工程数据的需要，引入了对象型(object)、对象表型(objlist)、图形(dwg)、文本(text)等数值类型。对象型描述对象类之间的1∶1关系，如工序与机床的关系。对象表型描述对象类之间的1∶n关系，如工序与工步的关系。

在工艺信息模型中，为了便于用户进行工艺设计与工艺信息管理，保证工艺信息的规范性和集成性，需要确定一些属性的取值约束。属性的取值约束分为以下几种情况：

(1) 具有明确的值域：如“表面处理种类”有铬酸阳极化、磷酸阳极化、喷漆、喷丸等。

(2) 属性之间具有明确的关系：在“铣削工步”对象的属性中，进给速度 ＝ 主轴转速×刀具每齿进给量×刀具齿数。

(3) 另一个对象类属性的组合：如“工序”对象类的“设备名称/型号”属性是“机床设备”类的属性“设备名称”、“设备型号”的组合。

4.3.2　工艺对象方法表示

工艺决策知识描述工艺对象类及其属性之间的逻辑关系，它与对象模型密切相关。采用产生式规则表示工艺决策知识，把具有相同决策功能的规则组织起来作为对象的一个方法(见图4.3)。

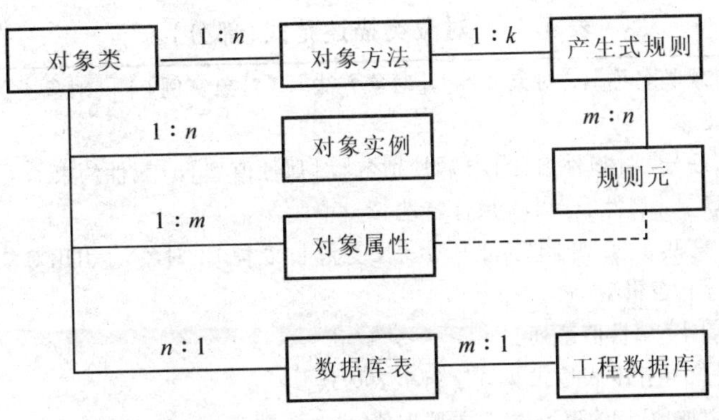

图4.3　工艺信息模型与工艺决策规则关系图

1. 对象方法

对象方法是工艺决策知识的组织单元，是具有相同决策功能的规则的集合。一个对象可有多个对象方法，每个对象方法包含多条完成某一决策任务的产生式规则。在对象方法定义时确定对象方法名称、推理方式(按权重排序单一推理、按权重排序多重推理、按规则顺序多重推理)、启动类型(主动方法、被动方法)等。如“工序”对象类有“机床选择”、“夹具选择”、“工序排序”等方法。

2. 产生式规则

为了规范化表示和处理产生式规则，引入了规则元的概念，同时，根据工艺决策规则的表示和推理的需要，确定了一些保留字和命令词。

规则元是组成规则的基本单位，具有明确含义的指令、关系表达式或判断。

一个规则元可总体描述为：

规则元 ::= <[操作符]，[左项]，[右项]>

其中：[左项]，[右项]可以为常量、字符串、变量、表达式或函数、命令等，[操作符]描述左项和右项之间的关系或操作。

按照规则元的目的和表示形式，规则元分为条件规则元、命令规则元、赋值规则元等。条件规则元用在规则的前提部分，而命令规则元、赋值规则元用在规则的结论或否则部分。

引入规则元的概念后，规则可以描述为：

规则是用来描述对象或对象属性之间关系的，是由多个规则元以一定的方式(IF－THEN－ELSE形式)和顺序组织关联在一起的信息实体。

在工艺决策知识的表示和推理中，常需要一些词语指代相应对象，保留字的引入就解决了这个问题。如operation用来指代工序对象，step用来指代工步对象，tempobj用来指代需要的临时对象。

同时，为了描述一些决策过程，或提供用户进行人机交互的操作，根据需要引入了命令词。如create(创建)用来描述一个对象的创建过程，queryobject(查询对象)用来描述一个对象数据的查询，getchoice(用户选择)用来描述请求用户根据提示选择输入数据。

为了保持工艺决策规则在语法、语义上的正确性，在进行对象方法的维护时，需要进行规则的预编译处理。CAPPFramework系统建立了工艺信息建模与决策规则描述语言(见表4.1和表4.2)，为工艺知识库的建立、维护与编译奠定了基础。

表4.1　对象类描述范式(部分)

对象类 ::= <[对象类名称]，[对象属性]，[对象方法]，[对象实例]|[[对象类关联数据库]，[数据库关联条件系列]]>

对象属性 ::= <[序号]，[属性名称]，[属性别名]，[属性值型]，[属性约束]，[计算公式]，[默认值]，[取值方式]，[关联]，[属性类型]，[属性特性]>

属性值型 ::= <'整型'|'实型'|['字符串型'，[长度]]|'文本'|['对象'，[引用对象类名称]]|['对象表'，[引用对象类名称]]|'逻辑型'>

属性约束 ::= <[]|[属性值系列]>

计算公式 ::= <[]|[算术表达式]|[字符串表达式]>

取值方式 ::= '自由取值'|'约束取值'|'关联取值'

关联 ::= <'无关联'|['单关联'，[关联对象属性名称]]|['多关联'，[关联对象属性名称系列]]>

属性类型 ::= '外部属性'|'内部属性'

属性特性 ::= '公有属性'|'私有属性'

对象类关联数据库 ::= <[数据库名称]>

数据库关联条件系列 ::= <[数据库关联条件]，[[数据库关联条件]……]>

数据库关联条件 ::= <[属性名称]，[关系运算符]，[属性值]>

关系运算符 ::= '>'|'<'|'>='|'<='|'=='|'!='

……

表 4.2　产生式规则表示范式(部分)

产生式规则 ::= <[规则名],[前提],[结论],[否则],[权重],[注释]>

规则号 ::= string

前提 ::= < [规则元],[[规则元]……]>

结论 ::= < [规则元],[[规则元]……]>

否则 ::= < [规则元],[[规则元]……]>

权重 ::= int

注释 ::= text

规则元 ::= <[条件规则元] | [命令规则元] | [赋值规则元]>

规则元 ::= <[操作符],[左项],[右项]>

操作符 ::= [赋值运算符] | [关系运算符] | [命令词]

条件规则元 ::= <[关系运算符],[左项],[右项]>

命令规则元 ::= <[命令词],[左项],[右项]>

赋值规则元 ::= <[赋值运算符],[左项],[右项]>

赋值运算符 ::= '='

关系运算符 ::= '>' | '<' | '>=' | '<=' | '==' | '! =' | 'include' | 'is' | 'inside'

命令词 ::= 'create'| 'delete' | 'getinput' | 'getchoice' | 'getobject' | 'write' | 'normal_up' | 'normal_down' | 'check' | 'usemethod' | 'userule' | 'queryobject' | 'connect' | 'disconnect' | 'showmsg' | 'queryplanmodel' | 'loadplanmodel' | 'saveas'

左项 ::= <[对象属性] | [对象类名称] | [保留字] | [临时变量]>

右项 ::= <[对象属性] | [临时变量] | [常量] | [算术表达式] | [字符串表达式] | [提示信息] | [对象属性系列] | [赋值规则元系列] | [条件规则元系列] | [规则名] | [方法名称]>

对象属性 ::= <[当前对象的属性名称] | [[[对象类名称] | [保留字] | [对象引用属性]],[对象属性]]>

保留字 ::= 'part' | 'plan' | 'operation' | 'step' | 'm_e' | 'feature'|'tempobj'

临时变量 ::= <[整型临时变量] | [实型临时变量] | [字符串型临时变量]>

常量 ::= <[整型常量] | [实型常量] | [字符串型常量]>

算术表达式 ::= <[[算术因子],[算术运算符],[算术因子]] | [[算术因子],[系统数学函数]]>

算术因子 ::= <[整型临时变量] | [实型临时变量] | [整型常量] | [实型常量] | [对象属性] | [系统内部常量] | [[算术因子],[算术运算符],[算术因子]] | [[算术因子],[系统数学函数]]>

算术运算符 ::= '+' | '—' | '*' | '/' | '^' | '(' | ')'

系统数学函数 ::= <[函数名],[函数参数]>

函数名 ::= 'sqrt' | 'sin' | 'cos' | 'tan'| 'atan' | 'log' | 'log10' | 'exp' | 'fabs' | 'pow' | 'asin' | 'acos'

字符串表达式::=< [字符串型常量] | [字符串型变量] | [[字符串操作符],[字符串表达式]] >

……

CAPPFramwork/KRL 的产生式规则语法描述如下:

(1) 在前提、结论、否则中的规则元之间是"与(and)"关系;

(2) 前提、结论、否则中的规则元之间换行分隔;

(3) 前提、结论不能为空,否则中可以无任何规则元;

(4) 当前提为系统逻辑常量 “TRUE”时,系统默认规则为无条件执行结论项的规则,当前提为系统逻辑常量 “FALSE”时,系统默认规则为无条件执行否则项的规则;

(5) 一个规则元必须写在一行,规则元的操作符、左项、右项用空格分隔;

(6) 条件规则元按照 [左项 操作符 右项] 形式排列规则元的操作符、左项、右项;

(7) 赋值规则元按照 [左项 操作符 右项] 形式排列规则元的操作符、左项、右项;

(8) 命令规则元按照命令词规定的格式(一般为:[命令词 左项 右项])排列规则元的操作符、左项、右项;

(9) 字符串常量用 "“ ” 和“ ”" 与其他部分分开;

(10) 在选择提示信息中用 “(” “)”把选择项系列与其他提示信息分开,选择项之间用 “|” 分隔;

(11) 选择项系列不能为空;

(12) 用 “(” “)” 赋值规则元系列与其他信息分开,其中的赋值规则元之间用“,”分隔;

(13) 赋值规则元系列可以为空,但必须有“(” “)”;

(14) 用 “(” “)” 条件规则元系列与其他信息分开,其中的条件规则元之间用“,”分隔;

(15) 条件规则元系列可以为空,但必须有“(” “)”;

(16) 用 “(” “)” 对象属性系列与其他信息分开,其中的对象属性之间用“,”分隔;

(17) 对象属性系列可以为空,但必须有“(” “)”;

(18) 算术表达式和字符串表达式用“{” “}” 与其他信息分开;

(19) 系统数学函数的函数参数用“(” “)” 与函数名分隔,函数参数之间用“,”分隔;如果函数参数是算术表达式,不用单独区分;

(20) 当推理方式确定为“按权重排序单一推理” 时,系统按照权重大小排序,依次匹配,匹配成功一条规则,执行后退出该决策;

(21) 当推理方式确定为“按权重排序多重推理”时,系统按照权重大小排序,依次匹配,执行所有匹配规则;

(22) 当推理方式确定为“按规则顺序多重推理”时,按照方法内规则定义秩序,依次匹配执行所有匹配规则;

(23) 当权重为负值时,系统将不匹配该规则。

4.3.3 工艺决策过程控制方法

工艺决策过程可以分解为若干决策子任务,每个子任务的决策是根据一个主控对象类及其相关对象类的属性值进行的,决策的结果可以归纳为 3 种情况:

(1) 产生其被包容类及其属性值,如“工序”类“机床选择”;

(2) 生成其包容类及其属性值,如“特征加工”类“工序生成”;

(3) 补充完善对象类的属性值,如“工步”类“加工参数确定”。

根据决策的层次,工艺决策分为对象推理、子任务推理、基于过程模型的推理等。

1. 对象推理

(1) 围绕一个对象,进行一个对象方法的推理称为对象推理,如图 4.4 所示。

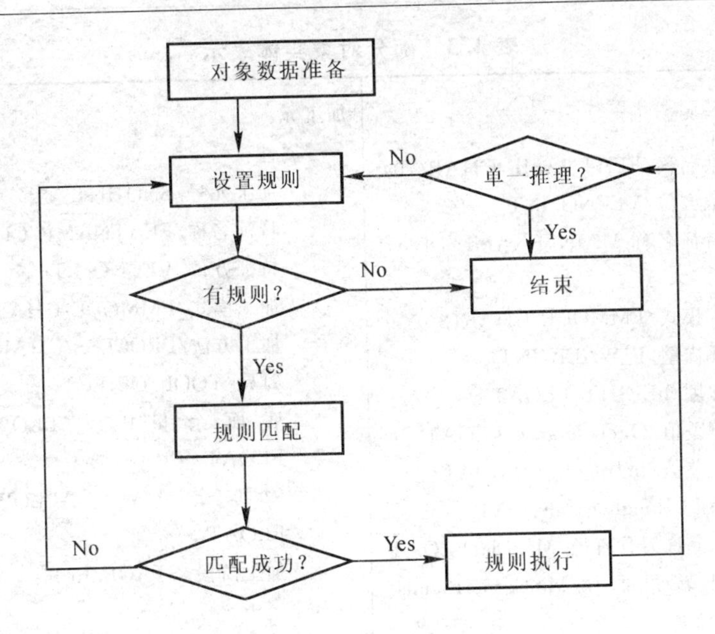

图 4.4　对象推理

2. 子任务推理

围绕同一类的所有对象，进行一个对象方法的推理称为子任务推理。关键是对象数据的整理和设置，循环设置当前决策对象，调用对象推理功能，实现子任务推理。

3. 基于过程模型的推理

根据决策过程模型，逐个子任务进行推理，称为基于过程模型的推理。

决策过程模型是控制决策过程的知识。为了便于专家系统的决策控制，整个工艺决策任务被划分成若干决策子任务，每个子任务有一个主控决策对象及其对象方法，决策专家系统根据过程控制知识依次执行每个决策子任务。

决策过程模型::= <[上一子任务]，[当前子任务]，[当前对象类]，[[被包容对象类]]，[当前对象方法]>

在建立决策过程模型、划分决策子任务时，应遵照以下原则：

(1) 在每个决策子任务中，主控决策对象应非常明确，一般主控对象确定为：零部件、工艺、工序、工步、特征加工(加工元)、制造特征及其子类；

(2) 尽可能减少需要设置"被包容对象类"的子任务，这样可减少子任务推理时对象循环阶数，降低子任务决策的复杂度；

(3) 便于对象方法中规则的总结归纳，尽可能减少子任务决策涉及的对象类。

4.3.4　知识表示示例

CAPPFramework 系统应用于飞机结构件数控加工工艺设计(FA－CAPP)，实现了基于特征的工艺决策专家系统。下面简要介绍该专家系统中一些具体的知识表示。

1. 部分对象实体的表示

特征信息是 CAPP 与 CAD/CAM 集成的基础。在 FA－CAPP 系统中，定义了 15 类制造特征。其中"槽"特征的描述如表 4.3 所示。

表 4.3　部分对象实体表示

槽：	加工元：
属性： 特征名称/FEATNAME/CHAR(20) 特征方位/VECNO/INT 主特征名称 MAIN_FNAME/CHAR(20) 加工模式/FMMODE/CHAR(20) 有无内壁/P_WALL/INT 槽深度/hEIGHT/FLOAT 上偏差值/OutTolerance/FLOAT 下偏差值/InTolerance/FLOAT 粗糙度/Roughness/FLOAT 最大允许刀具直径/MaxDia/FLOAT 最小转角半径/MinCornerRadius/FLOAT 底角半径/FilletRadius/FLOAT …… 方法： 加工元生成(多重匹配) ……	属性： 加工元号/SNO/INT 特征名称/FEATNAME/CHAR(20) 特征方位/VECNO/INT 加工模式/FMMODE/CHAR(20) 加工方法/PROCESS/CHAR(24) 刀具/TOOL/OBJECT 底面余量/B _ ALLOWANCE/FLOAT 侧面余量/W _ ALLOWANCE/FLOAT 加工阶段/STAGE/INT …… 方法： 加工元余量选择 加工元刀具参数选择(多重匹配) 工序生成 ……

加工元是根据特征生成的信息实体，其表示如表 4.3 所示。

2. *方法和规则的表示*

所有特征对象具有"加工元生成"方法，针对槽特征的加工元生成方法规则示例如表 4.4 所示。

表 4.4　方法和规则的表示

R052001：

　　If P_wall == 0

　　And mincornerradius < 15

　　Then create 粗铣槽加工元 (vecno = feature. vecno, Featname = feature. featname, tool. name = "cyl_miller", tool. dia = 40, tool. length = {feature. upperheight − feature. lowheight + 10}, tool. r = feature. filletradius, machine. type = "NC_milling_machine", machine. axis = 3)

　　And create 精铣槽加工元 (vecno = feature. vecno, Featname = feature. featname, tool. name = "cyl_miller", tool. dia = 30, tool. length = { feature. upperheight −feature. lowheight + 10}, tool. r = feature. filletradius, machine. type = "NC_milling_machine", machine. axis = 3)

　　Weight：100

R050002：

　　If plan. rigidity ==3

　　And upperheight >= {Lowheight + 10}

　　And P_wall == 0

续表

Then create 半精铣槽加工元 (vecno = feature. vecno, Featname = feature. featname, tool. name = "cyl_miller", tool. dia = 40, tool. length = {feature. upperheight - feature. lowheight + 10}, tool. r = feature. filletradius, machine. type = "NC_milling_machine", machine. axis = 3)

Weight: 100

R050003:

If mincornerradius < 15

And P_wall == 0

Then create 铣槽过渡圆角 20 加工元 (vecno = feature. vecno, Featname = feature. featname, tool. name = "cyl_miller", tool. dia = 20, tool. length = {feature. upperheight - feature. lowheight + 10}, tool. r = feature. filletradius, machine. type = "NC_milling_machine", machine. axis = 3, endflag = 1)

Weight: 100

3. 决策过程控制

通过全面分析和实践,FA—CAPP 系统确定了下列决策过程:初始化→零件工艺·毛坯设计→零件工艺·刚度分析→零件工艺·定位方案设计→零件工艺·装夹方案设计→特征·加工元生成→加工元·加工元余量选择→加工元·加工元刀具参数选择→加工元·工序生成→工序·机床选择→工序·夹具选择→工序·工序排序→零组件·特殊工序安排→工序·辅助工序插入→工序·工作说明生成→工序·工步生成→工步·辅助工步生成→工步·工步排序→工步·工步刀具选择→工步·工步量具选择→工步·工步切削参数选择→工步·工步内容生成→推理结束。

4.3.5　推理机制

整个推理机制可以划分为 4 个层次:规则的匹配执行、对象方法的推理、任务推理及系统推理。具体过程分别见表 4.5～表 4.8。

表 4.5　规则的匹配与执行

步　骤	处　理　说　明
1	设置条件规则元指针
2	如果条件规则元指针为 NULL,则 goto 8
3	如果条件规则元为 TRUE,goto 8
4	如果条件规则元为 FALSE,goto 11
5	匹配规则元
6	如果匹配成功,goto 1
7	如果匹配不成功,goto 11
8	设置结论规则元指针
9	如果结论规则元为 NULL,返回"SUCCESS"
10	执行结论规则元,goto 8
11	如果否则项为 NULL,返回"FALSE"
12	设置否则规则元指针
13	如果否则规则元为 NULL,返回"SUCCESS"
14	执行否则规则元,goto 12

表 4.6　对象方法推理

步　骤	处　理　说　明
1	根据推理方式,建立方法的规则链表
2	设置规则指针
3	如果规则为空,返回
4	Retvalue=规则的匹配与执行
5	如果 Retvalue== SUCCESS,推理方式为单一匹配,返回
6	如果 Retvalue== SUCCESS,推理方式为多重匹配,goto 2
7	如果 Retvalue==FALSE,goto 2

表 4.7　任务推理

步　骤	处　理　说　明
1	从工作空间中获取对象类信息,建立对象链表
2	设置对象指针
3	如果对象指针为空,goto 6
4	对象方法推理
5	goto 2
6	工作空间信息更新,返回

表 4.8　系统推理

步　骤	处　理　说　明
1	获取推理状态信息
2	建立控制规则链表
3	设置控制规则指针
4	匹配当前控制规则,确定当前任务、对象类、当前方法
5	如果当前任务为推理结束,goto 8
6	任务推理
7	存储推理状态信息,goto 3
8	设置初始化状态,存储推理状态信息,返回

4.4　知识库系统

4.4.1　知识库系统的构成

知识库系统(KBS, Knowledge Base System)应由知识库(KB, Knowledge Base)和知识库管理系统(KBMS, Knowledge Base Management System)组成,其中 KB 是知识的集合,KBMS 是为知识库的建立、使用和维护而开发的计算机程序系统。在此意义上的 KBS 逻辑框图可用图 4.5 表示。

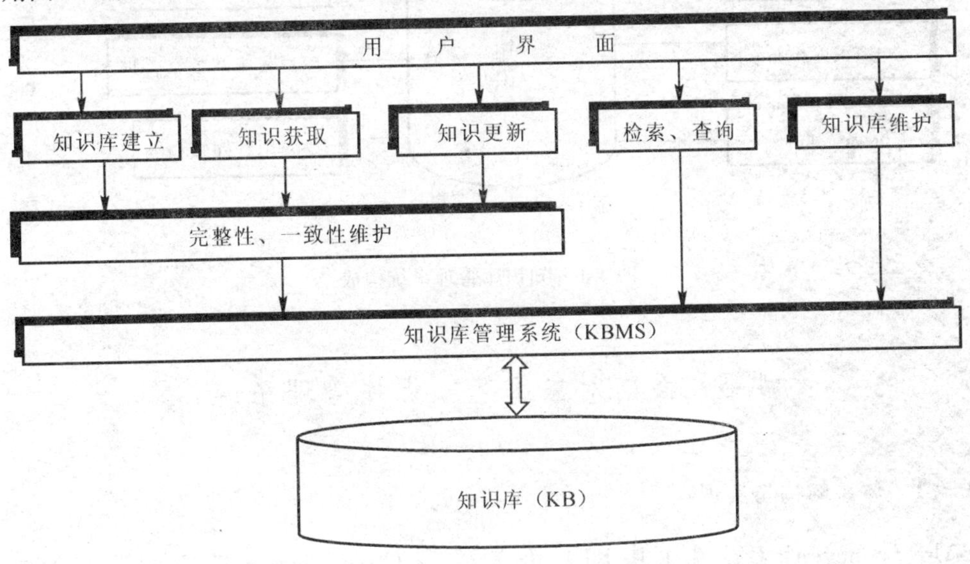

图 4.5　知识库系统逻辑结构图

4.4.2　知识库实现

知识库的结构决定于知识的组织方式,一方面它依赖于知识的表示模式,另一方面也与相应的软件支撑环境有关。一般来说,在确定知识的组织方式时,应考虑下述基本原则:

(1) 保证知识库的相对独立性;

(2) 便于知识的搜索;

(3) 便于知识的管理;

(4) 便于内存与外存交换;

(5) 提高知识存取的效率。

知识库的具体实现有两种形式:一种是包含在系统程序中的知识模块,可称其为“逻辑知识库”;一种是将知识经过专门处理后得到知识库文件,并用文件系统或数据库系统来存储知识库文件,这更接近于真正意义上的知识库。然而,使用此种实现方式时,知识库中存储的知识形式与用户所看到的知识形式具有较大的差异,需要进行相互转换。为此,给出两种知识存在形式:

(1) 知识外部形式:面向用户,它着重知识的可理解性、方便性和表达能力;

(2) 知识内部形式:面向系统存储,它力求简单、规范、时空效率高。

4.4.3 知识库管理系统构成

一个完整的知识库管理系统应具有对知识库进行各类操作、检索、查询及出错处理、管理、控制等功能,其构成如图 4.6 所示。

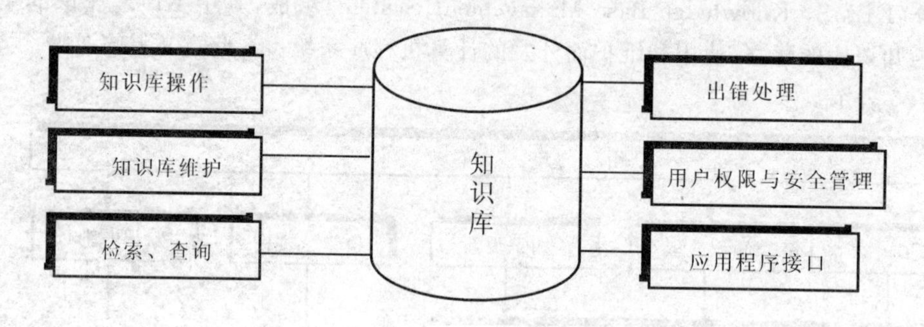

图 4.6 知识库管理系统构成

4.5 面向对象工艺知识库管理系统

4.5.1 体系结构与实现

CAPPFramework 系统基于其 KRL 语言,采用 Client/Server 模式,开发了面向对象 CAPP 知识库管理系统(OOKBMS, Object - Oriented Knowledge Base Management System)。

OOKBMS 的总体框架是:关系数据库 + 面向对象模式。在此实现框架下,基于对象模式的知识外部形式通过转换以基于关系模式的知识内部形式存储在数据库中。关系数据库具有坚实的理论基础及在数据的存储、管理、检索、查询等方面的成熟技术,故采用这种总体框架不仅可以节省开发知识库系统的人力、物力、时间等,而且可以提高知识库系统的商品化、工程化程度。

OOKBMS 表现为 3 层体系结构:上层为图形用户接口(GUI),GUI 基于 Windows 而设计,用户通过 GUI 与系统进行交互;中间层为对象操纵与查询层,包括对象类的定义与编辑、对象实例的定义与编辑、规则的定义与编辑等;下层为知识库表(物理数据库表)操纵与查询层,该层通过 ODBC 实现对存储在知识库中数据的操纵与查询。OOKBMS 的总体结构如图 4.7 所示。

4.5.2 对象模式与关系模式的转换

关系模式的基本结构是二维表,既可用二维表表示实体集,也可用它表示实体间的联系;面向对象的数据模型描述了实体及实体间的关系。对象模式与关系模式转换的基本方法是把对象映射到描述其特性的多张二维表中，通过逆映射，多张表中的相关信息组装成对象的描述。

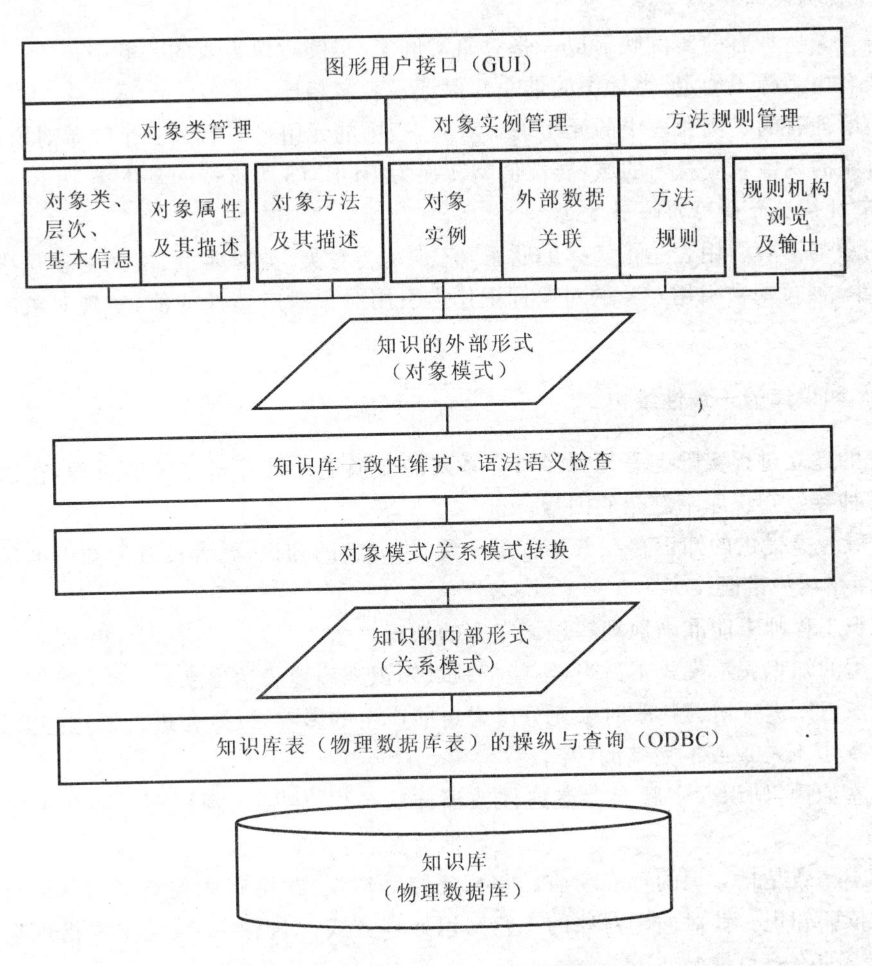

图 4.7 OOKBMS的总体结构

OOKBMS中，经过转换形成的主要知识库表有对象类表、对象属性表、对象方法表、对象实例表、规则表、规则元表、类关系表等。

1. 对象类表的映射方法

所有对象类映射成一张对象类表，类标识为表的关键字。

2. 对象属性表的映射方法

所有对象的属性映射成一张对象属性表，属性标识为表的关键字。

3. 对象方法表的映射方法

所有对象的方法映射成一张对象方法表，方法标识为表的关键字。

4. 规则表的映射方法

所有对象方法包含的规则映射成一张对象表，规则标识为表的关键字。

5. 对象规则表的映射方法

构成规则的所有规则元映射成一张规则元表，规则元标识为表的关键字。

6. 类关系表的映射方法

所有父类和子类间的层次关系映射成一张类关系表，父类标识和子类标识为表的关键字。

7. 对象实例表的映射方法与规则

(1) 每一类所拥有的实例映射成一张对象实例表，实例标识为表的关键字；

(2) 表名由类标识确定，类标识的惟一性保证了表名相异；

(3) 类所拥有的实例和表中的元组一一对应，表中的元组可以看成一个简单对象；

(4) 对象的属性对应表中的域，属性值型转换为 RDBMS 所支持的基本类型。

8. 复杂对象嵌套引用的映射方法

复杂对象的嵌套引用表达了实体的联系，它涉及类对类、类对实例、实例对实例引用。在 OOKBMS 中，通过把被引用对象的对象标识作为引用对象对应属性的值，实现对象间嵌套引用的映射。

4.5.3 知识库的一致性维护

知识库的建立过程实际上是知识经过一系列的变换进入计算机系统的过程，在这个过程中存在着各种导致知识库不健全的因素。

(1) 领域专家提供的知识存在着某些不一致、不完整的知识，或者没有把知识准确地表达出来，甚至存在某些错误；

(2) 知识工程师未能准确地理解领域专家的知识；

(3) 采用的知识表示模式不适当，不能把领域知识准确地表达出来；

(4) 对知识库进行增、删、改时未充分考虑可能产生的影响，以至在进行了这些操作之后，使知识库出现了不一致或不完整的情况。

由于这些原因，知识库中就会存在这样或那样的错误，主要表现在不一致和不完整两个方面。

知识的不一致是指知识间存在矛盾、冗余、环路等错误，常见有 3 种类型：冗余知识、矛盾知识和环路依赖知识。针对面向对象的工艺知识处理方式，知识的一致性主要指规则的一致性。规则知识的不一致情况如下：

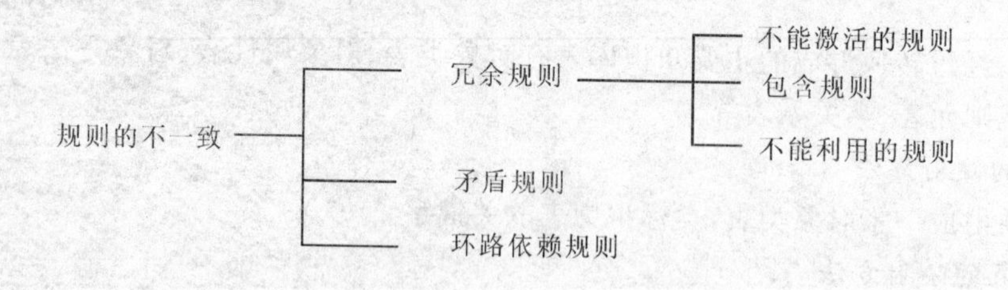

知识库的一致性维护是保证知识的正确性、有效性的重要手段，是每个知识库系统必不可少的部分。随着知识库规模的不断增大，由于知识工程师及用户的失误或者知识管理功能不完备而造成知识库逻辑上不一致的可能性越来越大，系统的一致性维护变得更为重要。

在 OOKBMS 系统中，一致性维护分为两个方面：规则的一致性维护、对象的一致性维护。

1. 规则的一致性维护

在基于规则元的知识内部模式下，内部形式规则的 IF 部分、THEN 部分、ELSE 部分都是规则元内部码的有限集合，而且规则又以规则组形式分组存放，这为知识的一致性检查提供了条件。在下述讨论中，假定A,B代表两条规则，A. IF，A. THEN，B. IF，B. THEN分别代表规则A的IF规则元集合、规则A的THEN规则元集合、规则B的IF规则元集合、规则B的THEN规则元集合。

(1) 无冗余：保证知识库中没有无用的、包含的和等价的知识。冗余性知识占用了存储空间，影响知识的检索效率。冗余规则具有3种类型：

1) 不能激活的规则：规则中包含不可满足的条件，可能原因有：

· 规则前提中包含不满足属性约束条件的规则元；

· 规则前提与规则元之间相互矛盾，不可能满足两个相互矛盾的规则元；

2) 包含：指知识库中出现多余规则，可能的原因有：

· 完全相同的两规则，即A. IF = B. IF，A. THEN = B. THEN；

· 两组规则组合在一起的作用相同；

· 结论相同，一个规则比另一个规则前提条件更多，即A. THEN = B. THEN，A. IF ≠ B. IF；

3) 不能利用结论的规则，可能的原因有：

· 规则结论中的赋值不满足属性的约束条件；

· 规则结论中给出两个矛盾的规则元。

(2) 无矛盾：保证知识库中没有相互冲突的知识。与冗余性检查不同，矛盾性检查不仅要检查规则元内部码，而且要检查规则元的内容。出现矛盾规则有以下两种情况：

1) 在单一匹配规则集中，两个规则有相同的条件，但其结论不同，即A. IF=B. IF，而在A. THEN中存在元素与B. THEN中的某一元素相互冲突，则A,B有矛盾。

2) 两个规则具有相同条件，结论相同，权重不同。

(3) 有效性：由于知识库是按照决策功能对知识分组存放的，因此其有效性就是保证规则的THEN部分的内容应与所在规则组决策功能相关。

在具体实现时，可假定知识库中的规则是满足上述一致性标准的。这样，当输入一条新规则或更新一条旧规则时，将输入或更新后的规则与库中已有规则比较，只有确认该规则与库中的规则一致后方可容许入库。

2. 对象的一致性维护

在OOKBMS中，除了规则的一致性维护外，尚须解决对象类及实例的重复定义、对象属性及对象方法的重复定义、对象引用完整性维护等一致性维护问题。

(1) 对象类及实例的重复定义：在OOKBMS中，通过知识库中类名称的惟一性，避免对象类的重复定义；通过知识库中同类下的实例名称的惟一性，避免对象实例的重复定义。进一步通过类关键字来检查对象实例的重复定义。

(2) 对象属性及对象方法的重复定义：在OOKBMS中，通过对知识库中同类下的属性名称及方法名称的惟一性，来避免对象属性及对象方法的重复定义。

(3) 复杂对象嵌套引用完整性维护：在复杂对象嵌套引用中，当对被引用的对象做删除操作时，可能出现对象引用的完整性问题。在OOKBMS中，通过对对象做被引用记录来约束对象的删除操作，从而保证对象引用的完整性。

4.5.4　外部工程数据关联

在实际应用环境下，工艺设计过程中需要查询使用很多工程信息，包括工装工具信息、加工参数信息、产品结构信息、材料信息等，这些信息往往存储在网络工程数据库中。为了更快捷方便地利用这些信息，保证工艺信息的完整性、一致性和正确性，OOKBMS 系统提供了与工程数据库动态关联功能，实现了工程信息的集成、快速查询和应用，并提供数据库连接定制工具和操作指令。

OOKBMS 系统采用了两种驱动方式：用户交互设计关联驱动和自动决策规则驱动。实现方式如图 4.8 所示。

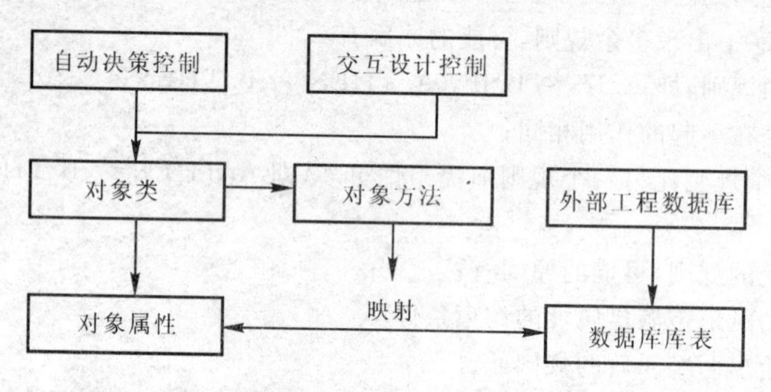

图 4.8　外部工程数据关联

4.6　专家系统的开发步骤

一个成功的专家系统往往离不开知识工程师和领域专家的密切合作。专家系统和一般的软件系统的不同之处在于：对于一般的应用系统而言，由于系统涉及的知识比较简单，系统开发人员可以在比较短的时间内熟悉和掌握这些知识；对于专家系统来说，要达到甚至超过领域专家的水平，就必须掌握领域专家处理问题时的大量专门知识。这些经验知识往往要通过长期的积累；另一方面，专家系统是一种很复杂的软件系统，开发一个专家系统不但需要人工智能方面的知识，而且需要一定的计算机知识和编程技巧。因此，只有通过知识工程师和领域专家密切合作，共同努力，才有可能开发出理想的专家系统。

领域专家的专门知识，大多数是长期积累的经验性知识，专家们在很多场合可以运用其所具备的知识很快解决需要解决的问题，但在短时间内将这些知识很好地整理出来通常是比较困难的。通常使用的办法是通过大量的实例研究领域专家在解决问题时使用了哪些知识。

工艺决策专家系统的开发正是这样。一般来说，开发一个成功的工艺决策专家系统需要一个较长的时间来整理工艺决策知识和构造工艺知识库。开发一个工艺决策专家系统的基本步骤如下所述。

1. 论证

这一部分工作主要包括开发工艺决策专家系统的必要性分析、可行性分析和需求分析，了解用户对本专家系统的需求以及明确需要解决的问题、目标，并且了解问题的主要特征、要求以及其中的关键所在，有没有解决问题的方法和技术等。例如，工艺决策专家系统需要针对的具体零部件对象、工艺类型、工艺性分析以及工艺设计过程中考虑的主要因素、系统的集成性、零部件信息来源、自动化程度要求等。

这部分工作还包括确定开发专家系统的人力(包括知识工程师、领域专家和程序员等)、物力和财力以及开发周期等，从技术上、人力资源上、进度上、财力上以及设备条件等方面进行深入的可行性分析，然后制定技术方案，确定开发目标，并对系统的预期效果进行分析。

基本论证完成后，需要建立开发小组。它是由专家、知识工程师、未来的用户和项目管理人员组成。知识工程师的主要任务是调查知识、解释知识和将知识结构化。专家需要准备知识，并且支持知识工程师解释知识和将知识结构化。项目管理人员协调合作和项目的进展情况。用户的任务是阐明对系统的要求，并且在系统安装时向开发小组的其他成员澄清公开提出的问题。产品开发人员将直接从事软件编制的工作。

2. 工艺知识的获取与整理

知识获取是专家系统建造过程中最困难的一步。前面已进行了阐述，此处不再重复。

3. 建立模型系统

在实现工作中，知识工程师就可以着手建立系统的模型系统，并将形式化的概念和知识装入系统中。形式化阶段虽已明确地确定了表示概念和事实的数据结构、推理规则以及系统的控制策略，但它们并不是可执行程序。它们之间某些不一致的东西，只能在实现阶段暴露出来。知识工程师必须在实现系统时消除形式化阶段中存在的不一致性，保证系统中各个部分能有效地衔接起来，并正确地运行。

在建立模型系统阶段，不必追求系统尽善尽美，尤其是不要追求知识库完美无缺，这一工作可以留到系统的扩充和改进时完成。在这一阶段，还应尽量保持模型系统的简单化，使模型系统的修改不会引起大量的附加修改工作。在建立模型系统阶段，如果能够开发一些知识的获取功能、追踪调试功能和解释功能，可以帮助知识工程师把整理出来的知识加入到知识库中，简化知识库的构造和修改。追踪调试功能和解释功能还可以帮助知识工程师追查出错的原因，以便发现专家系统的缺陷。

4. 测试和完善

系统的测试主要有两部分内容：软件本身正确性的测试和系统性能测试。

测试和完善阶段的主要目的就是通过使系统处理大量的各种类型的实例来监测系统的性能水平是否理想或者是否正确。一旦发现系统得出错误结论，就必须追查导致系统出错的原因：是知识库不完备、不一致造成的，还是实现方案不合适导致的错误。为了更正这些错误，可能会对系统进行修改，甚至作较大的变动，以使系统不断完善。

在这段时间内，领域专家与知识工程师应保持密切联系，进行讨论，交流进展情况。领域专家把整理出来的知识交给知识工程师，知识工程师检查这些知识是否符合要求，必要时还需进一步划分一下知识结构。知识工程师要向领域专家通报系统的改进情况，以便于领域专家下一步整理知识，同时还要请有关人员评价系统的性能，提供下一步的改进意见。

这个阶段是反馈比较频繁的阶段，由于知识库的内容越来越丰富，可提供测试的实例越来越多，特别是实现细节之间的不一致性和实现细节本身的不充分大多在这一阶段暴露出来。因此在这一阶段，对系统的修改工作也比较频繁，至少工程师要对系统进行不断的改进，使之能够正确地运行和解决更多的问题。

第 5 章　基于特征的 CAPP 集成技术

5.1 特征技术

5.1.1 特征的概念

在 20 世纪 60 年代由 Opitz，Simon，Spur 和 Stute 等人发展的 EXAPT 系统（Extended APT）被看做是特征引入的先驱。EXAPT 系统是对由 Ross 发展的编程系统（APT，Automatically Programmed Tools）的扩展，用于计算机辅助 NC 编程。为了实现几何信息处理，它提供了用于执行工艺性检查的功能。NC 程序编制可以通过定义宏指令实现，它们含有对给定的几何形状进行特有的加工，即包含所谓"加工部位"。EXAPT 的"加工部位"概念被认为是今天特征概念的起源。

后来，首先在制造工艺过程设计方面应用了基于特征的概念，同时也引入到特征识别领域。

在国际上，1985 年 Pratt 和 Wilson 引入形状特征作为设计元素的几何描述，实现了特征概念在计算机辅助设计中的应用。1991 年 Shah 在有关设计和工艺规划的一篇论文中对特征概念及应用进行了广泛的综述。1993－1994 年 PART（Planning of Activities，Resources and Technology）介绍了一个系统，被认为是第一个基于特征的 CAPP 系统，已经在商业上得到应用。1992—1994 年开发的飞机结构件 CAPP 系统是国内第一个基于特征的实用 CAD/CAPP/CAM 集成系统。

在发展过程中已经研制了许多用于各种场合的基于特征的系统，许多学者都对特征进行了定义。C. Hayes 和 P. Write 把特征定义为"被连续加工过程切除材料的形状"；S. S. Luby和 J. K. Dixon 把特征定义为"一个几何实体，该实体和 CIMS 中的一个或多个功能相关"；Dixon 指出："特征是具有形状和功能的双重属性的实体；" J. Shah 提出："特征是一个形状，对于这类形状工程设计人员可附加一些工程特征、属性及可用于几何推理的知识"。

针对机械加工工艺过程设计，我们可以把零件特征定义为：机械零件上具有特定结构形状和特定工艺属性的几何外形域，它能够被确定的加工方法加工成形。

国内学者和工程人员也对特征进行了深入研究。

特征方法的日益普及和商业化，实质上应当归功于它给用户带来了一系列的优点。首先表现在构造或改变产品模型时可以缩短时间，另一方面也会使系统的工作方式适应于用户的思维方式。进一步还可以建立特征库，给出企业特有的系列化零件的设计特征信息，以随时提供给用户使用。采用在特征库中存储的特征信息，还可以提高研制产品的质量，因为这些特征信息已经在加工中得到过"验证"。

现代企业信息系统发展要求以贯穿产品整个生命周期的计算机集成应用为目的，因此作为信息集成途径和方法，基于以上概念，特征的含义可以定义为：

特征：=形状特征∪语义

（"特征被定义为形状特征和/或语义"）

因此一个特征或者可以是一个语义事态，一个形状特征，或者两者皆是。这种定义与那些把语义信息看做是形状特征的扩充的定义有区别。

1. 形状特征

形状特征被定义为不含语义内容的、按结构进行分类的几何元素。它们含有描述特征几何造型的内容，可以区分为显式描述和隐式描述，或者区分为具体描述和抽象描述。隐式的或抽象的形状特征是按步骤描述的，一旦完整地给出了输入信息，它们就会成为一个构件的组成部分；显式的或具体的形状特征本身就是模型数据结构的组成部分，因为一个形状特征定义成与语义无关，因此它可以是无语义的或者可以是具有不同语义的。形状特征的例子可以是几何基本体（圆柱体或立方体）、面之间的过渡（倒角或圆角）以及造型变化的操作（弯曲或伸展）或者是这3种情况的组合。

2. 语义

语义基于3类属性：

(1) 作为静态信息的数据属性；

(2) 确定特征行为的规则和方法；

(3) 用于确定语义特征之间关联关系。

为适应产品研制中不同领域的应用，出现了各种不同的语义。例如：

(1) 面向设计的语义；

(2) 面向加工的语义；

(3) 面向装配的语义；

(4) 面向质量的语义。

在设计领域所必需的信息应当在设计过程中尽可能得到考虑，以便能实现集成的并有利于制造、装配和质量保证的设计。面向设计的语义可以根据语义的内容划分为3类：

(1) 面向几何的语义，包括几何元素及其关系；

(2) 面向功能的语义，包括一个或不同零件的特征之间的功能上的关系；

(3) 面向工艺的语义，包括与设计和加工有重要关系的信息，这些信息是通过从属的几何元素描述的。

语义作为特征信息的组成部分通过下面3种类型来表达：

(1) 静态的功能属性，它们涉及几何元素，包括对几何元素的尺寸公差、形位公差、粗糙度等信息的描绘，例如面的表面粗糙度或边的长度公差；

(2) 参数值，描述特征的尺寸数量等信息，例如用10 mm来说明一个螺纹底孔的直径；

(3) 功能和工艺的边界条件，它们在设计过程中必须动态地被监视，这可以是一些组装规则，例如一个螺纹孔的定位，其端面应当位于构件的一个面上，又如要求一个孔相对于其入口和出口平面保持垂直度，或者通过工件的外部公差限制孔的直径。

3. 面向应用的特征类型

特征可分为模型特征以及面向过程的特征。模型特征是指那些实际构造出零件的特性，而面向过程的特征是指并不实际参与零件几何形状的构造，而是与生产环境有关的特征。

模型特征可以进一步分为基本特征和辅助特征。

基本特征指构成零件主要形状的特征。设计用基本特征，以参数化形式存储在特征库中，即通过特征的一些属性参数来表示整个数据实体的隐式表达法，它用最小的信息来定义形状特征，是一种十分简单明了的表达方法。由于采用参数化形式而不是将几何形状信息组织进数据结构中，所以更易为后续应用所控制和操作。在零件设计过程中，这些参数化特征可用实际特征值实例化处理后放在指定位置。

辅助特征则指用来修改基本特征形状的特征。辅助特征又有正负之分，正特征用来描述如凸台、筋板等几何实体，负特征则描述孔、槽类的形体。对于辅助特征，其工艺参数如形状公差、尺寸公差、粗糙度等可由相应的属性加以描述。

更具体地说，由于零件特征表达零件设计、制造等方面的信息，因而从零件的使用功能、制造方法等角度出发，大多数专家都认为零件可用以下几种特征类型来描述：

(1) 形状特征(Form Features)：用于描述具有一定工程意义的几何形状信息。形状特征是产品信息模型中最重要的特征信息之一，它是其他非几何特征信息(精度特征、材料特征)的载体，非几何特征信息作为属性或约束附加在形状特征的组成要素上。精度、材料等非几何特征信息通过指针与形状特征构成网络结构化数据。

形状特征同样可分为主形状特征和辅助形状特征。主形状特征(简称主特征)用于构造零件的总体形状结构；辅助形状特征(简称辅助特征)用于对主特征的局部修饰，它依附于主特征上。

(2) 精度特征(Precision Features)：用于描述几何形状和尺寸的许可变动量或误差。例如尺寸公差、几何公差(形位公差)、表面粗糙度等。精度特征又可细分为形状公差特征、位置公差特征、表面粗糙度等。

(3) 材料特征(Material Features)：用于描述材料的类型与性能及热处理等信息。如性能/规范(机械特征、物理特征、化学特征、导电特征等)和材料处理方式与条件(如整体热处理、表面热处理等)。

(4) 装配特征(Assembly Features)：用于表达零件在装配过程中需用的信息。

(5) 性能分析特征(Analysis Features)：用于表达零件在性能分析时所使用的信息，如有限元网格划分等，有时也称技术特征。

(6) 附加特征(Additional Features)：用于表达一些与上述特征无关的零件的其他信息，如用于描述零件设计的成组技术码等管理信息的特征，也可称之为管理特征。

5.1.2　形状特征的分类

因为形状特征可能达到的数量是不受限制的，故有必要对其进行分组归类、编目。研究者提出了多种特征分类方案，它们完全是基于几何形状而不是基于应用。

在产品数据交换标准(STEP)的形状特征数据模型中，对形状特征作了如下的划分：

(1) 通道类：负值，即应当被减去的体积，它们在两端裁剪初始造型。

(2) 凹陷类：负值，即应当被减去的体积，它们在一端裁剪初始造型。

(3) 凸出类：正值，即应当被加上的体积，它们在一端截交初始造型。

(4) 过渡类：一个区域，它们对于光滑的截交区是必需的。

(5) 面积特征：二维的元素，它们被定义为初始造型的面。

(6) 形变类:造型改变的程序(如弯曲和伸展)。

在上面所描述的6种中前3种涉及了体积的变化。一个形状特征包含的面被区分为输入面、输出面和通过面。面的最大数目限制为6个,而且每个面可以体现一个存取方向(例如铣削加工的进给方向),可根据特征在机床上加工时,进给方向的数目和输入、输出和通过面的种类等信息来区分形状特征的种类。

5.2 加 工 元

在CAPP研究与应用中,工艺决策的模型化和工艺决策知识的结构化需要运用特征,因而零件特征也成为工艺过程设计的核心实体。国外的研究者针对3轴CNC机床或立式/卧式加工中心上所加工的非回转体零件(Prismatic Parts)提出了一些基于特征的工艺过程设计方法,并把安装设计(Set-up Planning)作为工艺过程设计的重要环节。T. C. Chang应用特征聚类法(Feature Clustering)进行安装设计,其聚类的基础是相同的特征可进刀方向(Tool Approach Direction);H. Sakurai综合考虑安装设计和夹具设计的多重约束,应用启发式知识将若干个特征成组合成安装;M. J. Jung和K. H. Lee基于特征关系(Feature Interaction)提出一个包括自顶向下的结构化阶段和自底向上的填充阶段的工艺过程设计模型;Y. F. Zhang等应用特征加工工艺和特征可进刀方向之间的双向前趋关系(Bilateral Procedence Relationships)进行安装设计;J. S. Huang和A. M. William建立基于混合推理的混合黑板模型(Hybrid Blackboard Model)来处理特征关系,并将其核心算法分为4个步骤:定义特征及其相关的重要信息;按照给定的约束和排序准则确定特征的先后次序;特征排序;给特征附加加工工序。在这些研究中都仅考虑零件加工工艺过程的局部工艺决策问题,即认为一个零件特征只在一个安装中加工,而没有研究整个零件加工工艺过程的工艺决策过程,不考虑一个特征的粗、精加工需在不同安装中完成的情况。而当一个零件具有高精度要求、加工变形大和/或需要热表处理时,有些特征通常需要在不同的安装中多次加工。因此,所提出的这些方法局限性大,应用范围有限。

为了建立基于特征的工艺信息模型和工艺决策模型,作者在CAPP技术研究开发中引入了"加工元"概念。所谓加工元,是以特征为核心的、有关特征加工所需的信息实体。其内容包括零件特征、该特征的加工方法以及加工该特征所需的机床、夹具、刀具、量具、模具等制造资源的主要信息、其加工参数等。

为了降低问题求解的复杂性,在加工元概念的基础上,将整个工艺决策过程分解为若干个工艺决策子任务。每个工艺决策子任务是相对独立的问题求解基本单元。对于数控加工工艺来说,工艺过程由若干工序组成,机械加工工序包含若干加工工步,工步中包含多个特征的加工即加工元,每个加工元与一个特征相对应,而同一个特征在加工过程中可以包含在不只一个加工元中。整个工艺决策过程可以分为零件工艺总体分析与决策、加工元生成、工序生成、工艺路线设计、工步生成、工序详细设计、工程数据信息关联查询等。

5.2.1 加工元概念

一个零件的全部特征构成该零件的特征集合,并表示为

$$F = \{f_1, f_2, \cdots, f_{NF}\}$$

其中，NF 表示零件特征的数目。

通常主特征的形状精度和相互位置精度要求较高，表面粗糙度 R_a 值较小，在工艺决策中应予以重点考虑，而辅助特征往往要求不高。

图 5.1 中所示的支承套筒是机械加工经常碰到的一类典型零件。该零件包含的 17 个特征构成该零件的特征集合，可表示为

$$F = \{f_1, f_2, f_3, f_4, f_5, f_6, f_7, f_8, f_9, f_{10}, f_{11}, f_{12}, f_{13}, f_{14}, f_{15}, f_{16}, f_{17}\}$$

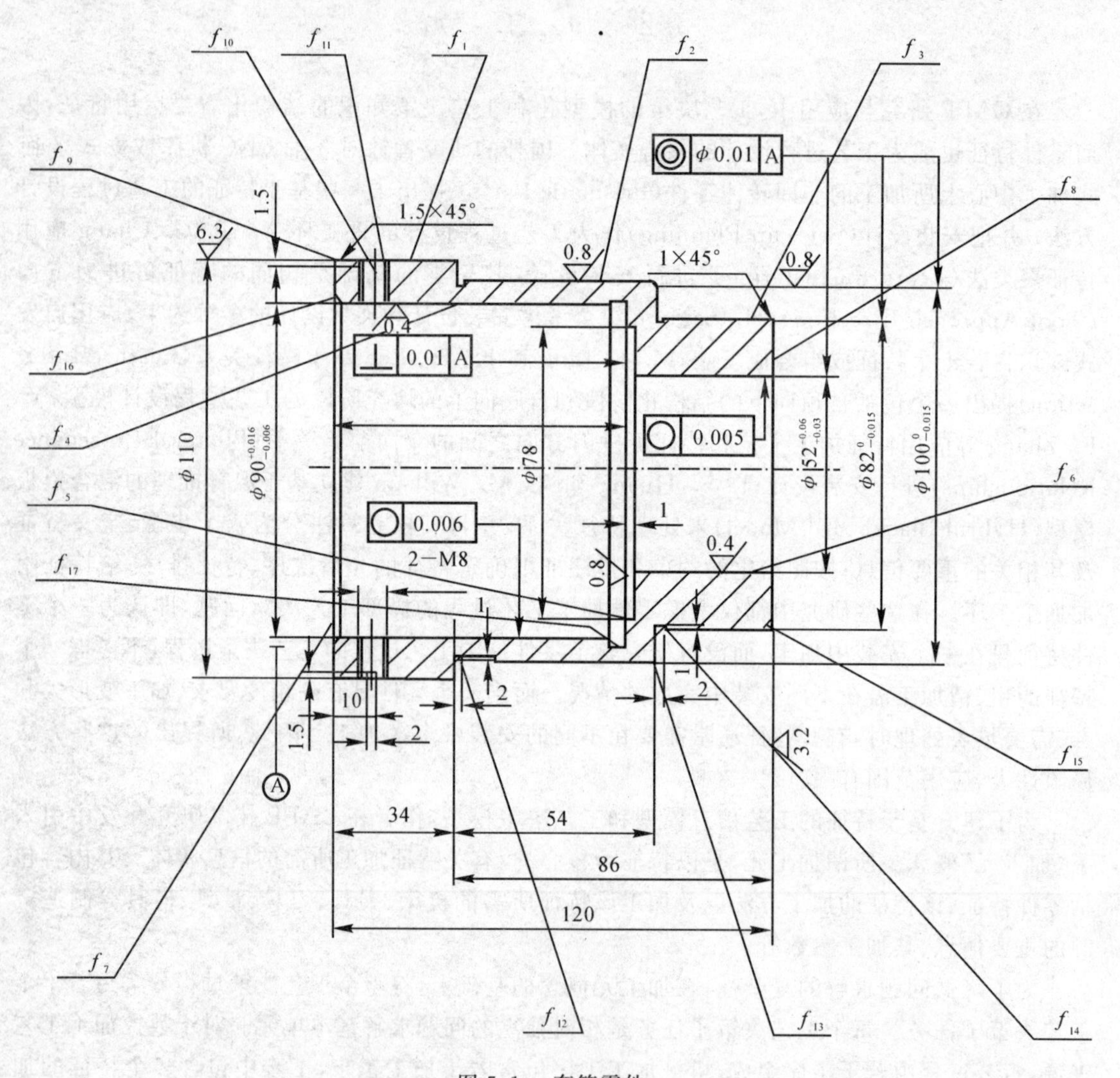

图 5.1　套筒零件

从零件加工过程看，对于每个特征 $f_i(i = 1,2,\cdots,NF)$，一般要经过多次加工，从而形成特征的加工工序序列（俗称加工链），可表示为

$$s=\{(p_{i1},f_{i1}),(p_{i2},f_{i2}),\cdots,(p_{NP_i},f_i)\}$$

其中，NP_i 表示特征 f_i 需要的加工工序数目。即从毛坯开始，首先采用加工工序 p_{i1} 加工出中间形状特征 f_{i1}；然后再用加工工序 p_{i2} 加工出中间形状特征 f_{i2}，直到采用加工工序 p_{NP_i} 加工出合格的形状特征 f_i 为止。对于一般零件，一个零件特征的所有加工工序可在一个安装中完

成，但对于刚性差或零件精度要求高或加工余量很大的工件，同一特征的不同加工工序需在不同安装分阶段完成。不失一般性，一个零件特征可以认为需要在不同安装中多次进行加工。因此，把以特征为核心的有关特征加工工序的相关信息所形成的实体，定义为加工元(ME，Machining Element)，以方便于工艺决策的模型化、算法化，并用三元组表示为

$$\mathrm{me}_{ij} = (f_i, MP_{ij}, MR_{ij}),\ j = 1,2,\cdots,NP_i$$

其中，MP_{ij}表示对特征f_i进行加工所采用的加工方法、余量等加工工艺；MR_{ij}表示采用加工工艺MP_{ij}加工特征f_i所需的刀具、夹具、机床等制造资源。

一个零件的全部加工元构成该零件的加工元集合，并表示为

$$\mathrm{ME} = \{\mathrm{me}_1, \mathrm{me}_2, \cdots, \mathrm{me}_{NME}\}$$

其中

$$\mathrm{NME} = \sum_{i=1}^{NF} NP_i$$

对于由主特征组成的加工元，称为重要加工元；重要加工元以外的加工元，称为次要加工元。

对于图5.1的支承套筒，其各特征的加工工序序列(加工链)及形成的加工元如表5.1所示。

表5.1　支承套筒各特征加工工序序列(加工链)及形成的加工元

特征	特征类型	加工工序序列(加工链)	加工元	
f_1	外　圆	粗车—半精车	me_1	粗车外圆：车床
			me_2	半精车外圆：车床
f_2	外圆	粗车—半精车—磨	me_3	粗车外圆：车床
			me_4	半精车外圆：车床
			me_5	磨外圆：外圆磨床
f_3	外圆	粗车—半精车—磨	me_6	粗车外圆：车床
			me_7	半精车外圆：车床
			me_8	磨外圆：外圆磨床
f_4	内圆	粗车—半精车—粗磨—精磨	me_9	粗车内圆：车床
			me_{10}	半精车内圆：车床
			me_{11}	粗磨内圆(加工余量0.3)：内圆磨床
			me_{12}	精磨内圆(加工余量0.1)：内圆磨床
f_5	内圆	粗车—半精车	me_{13}	粗车内圆：车床
			me_{14}	半精车内圆：车床
f_6	内圆	粗车—半精车—粗磨—精磨	me_{15}	粗车内圆：车床
			me_{16}	半精车内圆：车床
			me_{17}	粗磨内圆(加工余量0.3)：内圆磨床
			me_{18}	粗磨内圆(加工余量0.3)：内圆磨床
f_7	端面	粗车—半精车	me_{19}	粗车端面：车床
			me_{20}	半精车端面：车床

续　表

特征	特征类型	加工工序序列(加工链)	加工元	
f_8	端面	粗车—半精车	me_{21}	粗车端面:车床
			me_{22}	半精车端面:车床
f_9	外倒角	车外倒角	me_{23}	车外倒角
f_{10}	外环槽	车外环槽	me_{24}	车外环槽:2 mm 外切槽刀
f_{11}	径向孔	钻孔—攻丝	me_{25}	钻径向孔:Φ6.7 钻头
			me_{26}	径向孔攻丝:M8 丝锥
f_{12}	外退刀槽	车外退刀槽	me_{27}	车外环槽:2 mm 外切槽刀
f_{13}	外倒角	车外倒角	me_{28}	车外倒角
f_{14}	外退刀槽	车外退刀槽	me_{29}	车外环槽:2 mm 外切槽刀
$f15$	外倒角	车外倒角	me_{30}	车外倒角
f_{16}	内倒角	车内倒角	me_{31}	车内倒角
f_{17}	内退刀槽	车内退刀槽	me_{32}	车内环槽:5 mm 内切槽刀

5.2.2　安装

从技术角度看,应把安装作为工艺过程设计的一个基本单元,而不应把工序作为工艺过程设计的一个基本单元。但从生产组织角度看,现有教材中所定义的工序是工艺过程的基本单元。因此,在 FA—CAPP 系统中规定一个工序只包含一个安装(即一次装夹)。在国外的研究中,人们把安装设计(Set - up Planning)作为工艺过程设计及与夹具设计集成的重要环节,并与称为工艺过程设计的宏观层(Macro Level of Process Planning);相对应,把安装设计的后续设计称为工艺过程设计的微观层(Micro Level of Process Planning)。

基于加工元概念,把安装(工序)定义为:工件经一次装夹后所完成的加工元,即一个安装是若干个加工元构成的集合。

一个零件的全部安装构成该零件的安装集合,并表示为

$$\text{SETUP} = \{\text{SETUP}_1, \text{SETUP}_2, \cdots, \text{SETUP}_N\}$$

其中,SETUP_N 为该零件加工的第 N 个安装。

5.2.3　加工工步

基于加工元概念,把加工工步定义为:在一个安装下,使用一把刀具连续完成的加工元,即一个工步是若干个加工元构成的集合。一个零件的全部加工工步构成该零件的加工工步集合,并表示为

$$\text{MSTEP} = \{\text{MSTEP}_1, \text{MSTEP}_2, \cdots, \text{MSTEP}_{NMSTEP}\}$$

工艺决策中基于加工元的对象关系图如图 5.2 所示。

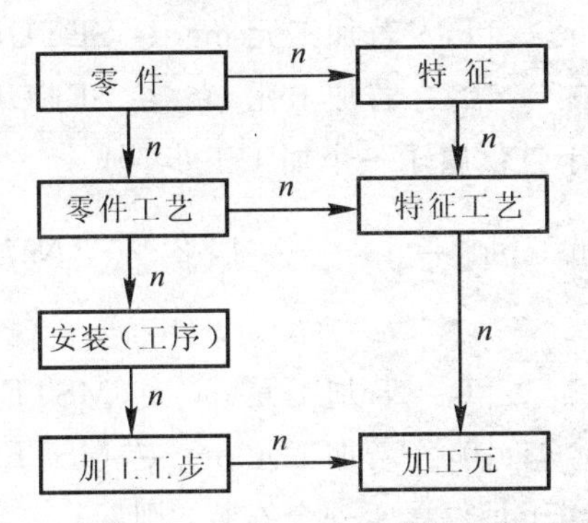

图5.2　基于加工元的对象关系图

5.2.4　加工元基本关系定义

(1) 同特征加工元：若meA和meB属于同一个特征，则称meA和meB为同特征加工元。

(2) 同特征类加工元：若meA.f和meB.f属于同一特征类型，则称meA和meB为同特征类加工元。

(3) 同加工形式加工元：具有相同的加工形式的加工元，称为同加工形式加工元，其中加工形式是指车、铣、镗、钻、刨、拉、磨削等。

(4) 同加工性质加工元：具有相同的加工性质的加工元，其中加工性质是指粗加工、半精加工、精加工等。

(5) 同类加工元：若两加工元是同特征类加工元、同加工形式加工元、同加工性质加工元，则称为同类加工元。

(6) 加工元的加工级：按加工元的加工性质对加工元进行分级，对于加工元meA，将其加工级表示为meA.mlevel。粗加工的加工级低于半精加工的加工级，半精加工的加工级低于精加工的加工级，……例如，可将粗加工的加工级定义为10，将半精加工的加工级定义为20，依次类推。

(7) 加工元的加工方位：对于某一加工元，刀具能够对零件特征进行加工的零件方位为该加工元的加工方位。若加工元的加工方位数为1，则称该加工元为单加工方位加工元。加工元的加工方位主要由特征的可进刀方向决定。通常回转体类零件的加工方位有Z+和Z−两个方位。

5.3　基于加工元的工艺决策模型

基于上述基本概念，依据工艺设计基本原理，建立基于加工元的工艺决策基本模型。

5.3.1　工艺决策依据的基本准则

(1) 准则1：一个加工元属于且仅属于一个安装，则

$$\sum_{i=1}^{NSETUP} \mathrm{setupk}_{ij} = 1,\quad j = 1, 2, \cdots, NME$$

其中

$$\text{setupk}_{ij}=\begin{cases}1, & \text{若加工元 me}_j \in \text{SETUP}_i \\ 0, & \text{若加工元 me}_j \notin \text{SETUP}_i\end{cases}$$

(2) 准则 2 :一个加工元属于且仅属于一个加工工步,则

$$\sum_{i=1}^{NMSTEP} \text{mstepk}_{ij}=1, \quad j=1, 2, \cdots, NME$$

其中

$$\text{mstepk}_{ij}=\begin{cases}1, & \text{若加工元 me}_j \in \text{MSTEP}_i \\ 0, & \text{若加工元 me}_j \notin \text{MSTEP}_i\end{cases}$$

(3) 准则 3:一个加工工步属于且仅属于一个安装，则

$$\sum_{i=1}^{NSETUP} \text{setup\_mstepk}_{ij}=1, \quad j=1, 2, \cdots, NMSTEP$$

其中

$$\text{setup\_mstepk}_{ij}=\begin{cases}1, & \text{若加工工步 MSTEP}_j \subset \text{SETUP}_i \\ 0, & \text{若加工工步 MSTEP}_j \not\subset \text{SETUP}_i\end{cases}$$

(4) 准则 4:集合 MSETUP 是集合 ME 的一个划分;从技术角度,要求所划分的块数最少。

(5) 准则 5:集合 SETUP 也是集合 MSTEP 的一个划分，即一个安装由若干个加工工步构成;

(6) 准则 6:若加工元 mA 和 mB 是同特征加工元,且 mB. mlevel > mA. mlevel,则在整个零件加工过程中 mA 必先于 mB 完成加工,即同特征加工元在整个零件加工过程中严格按照加工元的加工级由低到高顺序依次完成。

5.3.2 加工元的相近度及其描述

1. 加工元的相近关系定义

加工元的相近关系,是指从工艺决策角度,两加工元的相近程度。从加工元聚类形成安装的角度,加工元的相近关系主要考虑加工元能在同一安装中加工的可能性,称之为加工元的同安装相近关系;从加工元聚类形成工步的角度,加工元的相近关系主要考虑加工元能在同一工步中加工的可能性,称之为加工元的同工步相近关系。

加工元的具有同工步相近关系的必要条件是具有同安装相近关系。因此,加工元的同工步相近关系的确定可以在确定好的同安装加工元集合中进行。

根据加工元的相近关系的性质,它可以用模糊关系来描述。

2. 模糊关系定义与加工元相近关系矩阵

设 U 和 V 为两个集合,U 到 V 的一个(二元) 模糊关系 R 是 $U\times V$ 中的一个模糊集合,其隶属函数用 $\mu_R(x,y)$ 来表示。$\mu_R:U\times V\rightarrow[0,1]$,亦即对于 $(x,y)\in U\times V$,$\mu_R(x,y)$ 表达 x 对 y 有关系的程度,或 x 对 y 的关于 R 的相关程度。

当 U 和 V 为有限集合时,模糊关系 R 可用模糊关系矩阵来表达。设 $\boldsymbol{U}=\{x_1, x_2, \cdots, x_m\}$,$\boldsymbol{V}=\{y_1, y_2, \cdots, y_n\}$,则 $\boldsymbol{R}$ 可表达为

$$\boldsymbol{R}=[r_{ij}]_{m\times n}$$

其中

$$r_{ij}=\mu_R(x_i, y_j)$$

根据模糊关系，可以建立基于 $U = V = ME$ 的加工元的同安装相近关系矩阵和基于 $U = V = SETUP_i$ 的加工元同工步相近关系矩阵。

3.加工元相近关系隶属度的确定方法

加工元的同安装相近关系、加工元的同工步相近关系是由设备、加工阶段、加工方位、刀具等方面的相关因素复合而成的模糊概念，在确定其隶属度时，可以先求出各个因素的模糊集的隶属度，再用综合加权的方法复合出模糊概念的隶属度。为此，给出以下的模糊概念定义。

(1) 加工元的设备相容性：针对某一特定(类)设备，若加工元 MEA，MEB 都可在其上完成，则称 MEA，MEB 对该(类)设备具有相容性。例如，飞机结构件加工中的两个铣槽加工元，一个需要三坐标铣床加工，而另一个需要五坐标铣床加工，那么对于三坐标铣床，两加工元不相容，而对五坐标铣床，两加工元相容。

(2) 加工元的加工形式相容性：对于两个加工元，若仅从加工形式看，可以在同一安装中完成，则称两加工元对该加工形式具有加工形式相容性。加工形式相容性与设备相容性具有一定关系。例如，回转体零件加工中的车外圆、铣键槽两个加工元，若选用普通车床，则无相容性；若选用车削加工中心，则相容。

(3) 加工元的加工性质相容性：对于两个加工元，若仅从加工性质看，可以在同一安装中完成，则称两加工元对该加工性质具有加工性质相容性。

加工元加工性质的相容性，主要取决于零件的整体结构、加工精度以及生产的批量。事实上，它反映的主要是零件加工阶段划分问题。

(4) 加工元的加工方位相容性.对于加工元 MEA，MEB，若具有某相同的加工方位，则称两加工元该方位具有相容性。

若两加工元无相同的加工方位，则两加工元的加工方位相容性为 0；若两加工元有相同的加工方位，且都为单加工方位加工元，则两加工元的加工方位相容性为 1。

(5) 加工元的刀具相容性：若两加工元可用同一刀具进行加工，则称两加工元对该刀具具有相容性。

对于加工元的同安装相近关系，主要应从加工元的设备相容性、加工元的加工性质相容性、加工元的加工形式相容性、加工元的加工方位相容性等方面考虑，而加工元的同工步相近关系应从加工元的加工方位相容性、加工元的刀具相容性等方面考虑。

对于加工元的同安装相近关系，将加工元的设备相容性、加工元的加工性质相容性、加工元的加工形式相容性、加工元的加工方位相容性等因素的隶属度分别表示为 $\mu_1, \mu_2, \mu_3, \mu_4$，各因素的权重分别表示为 W_1, W_2, W_3, W_4，给出其隶属度函数为

$$\mu = (\mu_1 \times \mu_2 \times \mu_3 \times \mu_4)/(W_1 \times W_2 \times W_3 \times W_4)$$

针对不同的零件类型、制造资源、加工工艺方法以及不同的生产类型，所考虑的具体因素都会有所不同，但上面给出的隶属度函数可以作为基本参考。

基于上述基本概念和定义，可以得出下列结论：

(1) 对于确定的设备类型，若两加工元设备相容性为 0，则加工元的同安装相近关系隶属度为 0；

(2) 如果不是选用可转位夹具或同时对两方位加工，而两加工元加工方位相容性为 0，则加工元的同安装相近关系隶属度为 0；

(3) 若两加工元为同类加工元，且都为单方位加工元，则加工元的同安装相近关系隶属度

为 1。

5.3.3　工艺决策过程模型

工艺过程设计包括加工方法选择、加工设备选择、切削余量选择等选择性工作，又包括工艺路线设计、工序设计等决策性工作，还包括工序尺寸计算、工序图绘制等处理工作。建立好工艺决策模型是保证能在工艺决策专家系统中组织好这些子任务并正确进行工艺决策的关键。根据机械加工工艺特点，把加工元作为基本工艺指令单元，建立基于加工元的分层决策规划过程模型(见表 5.2)。

表 5.2　分层决策规划过程模型

层次	决策内容	实体结构
特征层	特征信息整理：特征方位、特征关系、特征层次、特征属性等	加工特征
加工元层	加工元生成：加工方法、机床类型、刀具、加工余量	加工元：特征、加工方法、机床、刀具、加工余量
工序层	工序生成：加工元合并组织形成工序、工序排序、特殊工序安排、辅助工序插入、工作说明生成	工序：工序名称、机床、夹具、工步表、加工元表
工步层	工步生成：工序中加工元合并组织形成工步、辅助工步生成、工步排序、刀具选择、量具选择、切削参数选择、工步内容生成	工步：工步名称、刀具、量具、加工元表
零件工艺层	总体工艺方案：毛坯设计、刚度分析、定位方案设计、装夹方案设计	工艺规程：工艺号、工序表、材料定额、工艺路线

5.3.4　主要决策阶段

按照工艺决策加工元过程模型，工艺决策被分解成加工元生成、加工元聚类排序、其他工艺过程实体安排、工序详细设计等 4 个决策阶段。

1. 加工元生成

在该决策功能中，主要进行特征工艺设计，生成加工元，具体内容包括：特征工艺选择、制造资源预配置。这是与产品设计进行并行集成的重要环节。

2. 加工元聚类排序

在该决策阶段，根据零件加工工艺要求，将各加工元在不同层次上聚类排序，形成安装、加工工步等工艺过程实体以及安装的有序集合、安装中工步的有序集合、工步中加工元的有序集合。对于不同零件类型和具体要求，可以有不同的聚类排序顺序。通常，先对加工元进行聚类形成安装、工步等实体，然后对安装(工序)、安装(工序)内的工步进行排序。

加工元的聚类可以基于加工元同安装相近关系矩阵和加工元同工步相近关系矩阵，按照模糊聚类分析方法进行。

3. 其他工艺过程实体安排

一个零件的完整工艺过程也包括热处理工序、检验工序、辅助工序、辅助工步等工艺过程实体,它们的安排也是工艺决策的重要内容。

4. 工序详细设计

在该决策阶段,主要进行制造资源的配置、加工参数的确定等。这是与生产调度与控制系统进行集成的重要环节。

5.4　CAD/CAPP/CAM 集成技术

5.4.1　特征信息模型与建立

基于特征模型的生成方式,可以划分成下列几种:

(1) 交互式特征定义;

(2) 自动特征识别;

(3) 基于特征的设计。

1. 交互式特征定义

交互式特征定义是在一个预定义的几何模型的基础上实现的,因而可以识别出与加工有重大关系的带有从属过程参数的零件的几何部分特征。显然,基础的几何建模类型的数据结构是设计生成算法时的决定性因素。按照几何模型的不同,可以划分为两种原则方法:

(1) 由 B-Rep 结构求得;

(2) 由 CSG 树求得。

特征定义通过在显示屏上选出的几何模型元素实现。这些元素被归结到与一个预定义模型相适应的类别,然后将与加工有重要关系的信息作为属性分配给元素,有些系统也允许分配面向几何、功能或工艺的属性。

这种工作方式的困难在于其结果取决于用户的正确选择,如果选出了错误的元素或不适当的元素数量,特征的定义将是不可能的,必须重新进行。因此使用人员必须掌握系统和现有匹配模型方面的精确知识。

交互的特征定义的原理用 B-Rep 数据结构可以很好地实现,这是因为对所需元素的存取是很容易完成的。而在采用 CSG 建模时,对数据库的操作难以实现。

2. 自动特征识别

自动特征识别(Feature Recognition)是通过利用一个几何建模器自动地生成加工计划的第一步。与在加工时直接从建模器的数据结构求得工件的合适区域的加工区识别方法不同,特征识别的任务是寻找一个几何模型的范围,这个范围应与先前定义的一般特征相符合。总之,存在一个成熟的构件模型是先决条件。

特征识别系统的任务主要有以下几方面:

(1) 按照与预定义模型的拓扑/几何一致性原理搜寻数据结构;

(2) 从数据结构中分离和抽取已被识别的特征;

(3) 求得特征参数(例如孔径或槽深);

(4) 完善几何特征模型;

(5) 把简单的基本特征组合成复合的特征。

目前已经出现了多种自动特征识别方法,也已转化为商用系统,所应用的建模器大多数属于 B-Rep 类型的,因为在这里也类似于在交互定义时的情况一样,特征是通过几何基本元素(如面和边)寻找的。而在 CSG 数据结构中,CSG 树会出现不统一的模型描述。

特征识别还含有一系列其他的问题,比如很难识别特征的语义。还有,必须由预定义的特征组成几何模型才能完整识别其中含有的特征。这在应用复杂的、用户定义的特征时会引起问题。

而特征识别的优点在于,在不同的应用领域之间转换时原理上具有多面性。只要建模器数据本身的交换能够得到保证,特征识别可以使得随后的应用与模型生成的类型无关,并因此也与所应用的设计系统无关。

3. 基于特征的设计

在采用基于特征的设计(Design by Features)方法时,特征已经融合在设计过程中,在特征中含有的几何的、拓扑的和语义的信息将保持在产品模型中。因此尽管在后继工艺设计和加工系统中仍需进行特征识别,然而,不须通过建模器内部的数据结构来寻找,而是可以以特征数据库为基础来实现特征识别。

通过特征的支持辅助,设计人员可以得到更多的造型自由空间,更好地保证设计模型的一致性。通过与特征关联的语义可以确定信息、文件和功能的关系并存储在计算机内部,它们可以在进一步的处理系统中利用,由此使设计人员有更多的使用空间和给出严格的格式化工作方式。

基于特征的设计可以划分为 3 类:

(1) 通过预定义的固定程序生成特征的设计;

(2) 用隐式特征的设计;

(3) 利用在模型中的显式表达和存储的特征支持设计。

第一类设计是在所谓的 DSG 系统(Destructive - Deforming - Solid Geometry)中实现的,此时模型惟一地通过从基本体中按预定义的基本特征的布尔减法生成。这种进行方式适应于切削加工过程,由此迫使设计人员要考虑加工计划,以及考虑应用这个系统时会导致什么样的衔接问题。与另外两类设计方法相比,这类方法的优点首先是具有相对简单的转换。因此,近年来出现了一些可以完成这类工作的商用系统。

第二类设计中特征的变换很困难,因为它需要理解在特征中所含的大量信息,并需要了解设计过程和加工过程的结果。

在第三类设计时,模型和所含特征用二进制存储。模型被存储在一种按几何观点检索的 B-Rep 结构中,通过特征数据库中的信息支持,可以获取加工信息和对它进行考察、检验。由此设计人员不需要被迫使用制造特征进行设计。同时,通过特征数据的直接存取而避免了第二类设计存在的变换困难问题。

采用特征设计时的一个大问题是特征干扰问题,它可能产生不合适数据结构的后果。如果出现下列情况之一,特征干扰将导致模型的不一致性:

(1) 特征不再能满足它们的功能;

(2) 个别的特征参数成为不适用的;

(3) 形成了不合适的拓扑关系;

(4) 特征通过较大的特征相减被消除；

(5) 特征通过较大的特征相加被消除；

(6) 开式的特征被封闭；

(7) 对特征的修改导致非故意的干扰。

这些问题原则上可以通过对相应规范和强制条件的动态审查加以避免。如果违反了建模时的规范，就会产生一个与其相关联的警告，把强制性条件直接分配给特征，这样就可以对每项措施进行检验。然而，执行这样的算法和设计所需的规范是困难的，至今还没有完整实现的商用系统。

5.4.2 CAD/CAPP/CAM 集成

特征信息模型是 CAD/CAPP/CAM 信息集成的基础。CAD，CAPP，CAM 存取统一的特征信息模型，如图 5.3 所示。

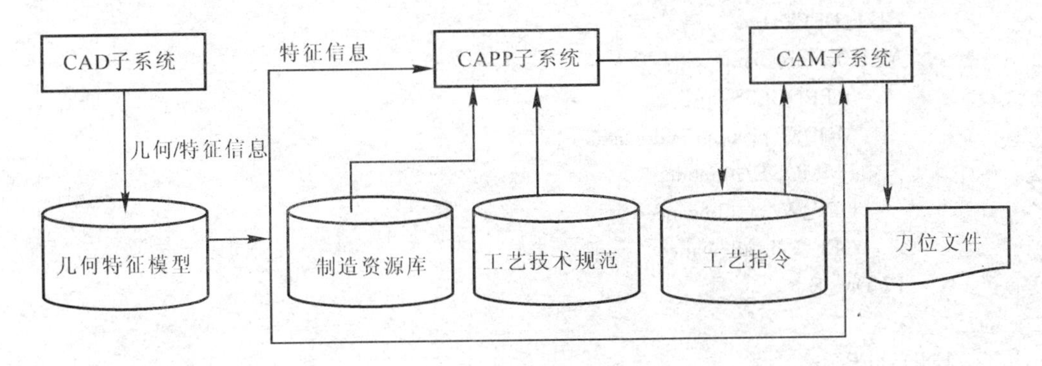

图 5.3　几何/特征信息

在 CAD/CAPP/CAM 集成系统中，CAD 分系统建立几何/特征信息模型；CAPP 分系统读取模型中的特征信息和制造资源库的刀具、夹具、机床信息，利用专家系统进行工艺决策，决策的结果输出到一个工艺指令文件中。工艺指令文件的内容包括定位夹紧方法、加工路线、加工所需的机床、刀具和夹具的参数等 CAM 分系统所需的信息。CAPP 也同时输出工艺文档，包括每个工序和工步的详细参数及工序图。非数据加工的工序和工步也应当在工艺文档中详细说明。

由于工艺决策的复杂性，有些决策知识难以描述，或者人工决策更加直接、方便，就可以采取人工交互干预的方式进行工艺决策。此时，通过系统提示，用户输入或选择相应信息，使决策更加快速有效。

CAPP 系统工艺决策结果通过工艺指令文件方式提交给 CAM 系统。在 FA－CAPP 系统中工艺指令文件的基本内容和格式如表 5.3 所示。

CAM 系统根据工艺指令文件的内容，按照加工顺序自动进行刀位计算，在计算过程中要同时从模型中读取几何信息和部分特征属性。CAM 的输出结果是刀位文件。它可以是 ASCⅡ代码形式，也可以是二进制代码形式。用户根据不同的机床，选择不同的后置处理程序把刀位文件转换成某个机床的数控代码。

表 5.3　FA—CAPP 工艺指令文件的基本内容与格式

```
PART/part_no，part_id
   #OPERATION_NAME：op_name
  OPERATION/op_no，vecno
    MACHINE/machine_id，NCSYSTEM，NCSysCode
    STEP/step_no，NCFILENAME
    #STEP_NAME：step_name
      #TOOL：tool_id，tool_dno，tool_type
      CUTTER/code，type_code，cutter_length，flute_length，diameter，lower_radius，upper_radius，tip_angle，taper_angle，shank_dia，flute_num
      FEEDRATE/f
      SPINDLE/s
      CUT_WIDTH/ap
      CUT_DEPTH/ae
      M_E/feature_name
        #PROCESS：process
        MODE/ process_code，axis
        FMMODE/fmmode
        OFF_W/w_allowance
        OFF_F/b_allowance
      ENDM_E
      ……
    ENDSTEP
    ……
  ENDOPERATION
  ……
EOF
```

在现有的 CAD 系统上进行二次开发来建立 CAD/CAPP/CAM 集成系统也是经常采用的方法。大多数 CAD 系统不包括 CAPP 部分，或者所包含的 CAPP 部分由于语言限制或加工方式的不同而不适应用户的需求。通过二次开发可以建立完全符合用户要求的专用系统。这样的专用系统往往比通用的 CAPP 系统针对性强，效率高。而用做开发平台的 CAD 系统应具有良好的开放性和丰富的用户二次开发工具。其中包括：用户界面编辑工具、多种供用户使用的数据结构、几何元素存取函数、刀位计算函数等。

5.5　飞机结构件 CAD/CAPP/CAM 集成系统

在集成技术中，最关键和最困难的是信息集成。特征信息模型是信息集成的基础。CAD，CAPP，CAM 系统存取统一的特征信息模型。

5.5.1　飞机结构件数控加工工艺性分析

飞机结构件是构成飞机机体骨架和气动外形的重要组成部分。飞机结构件的品种繁多、形状复杂、材料各异。与一般机械零件相比,加工难度大,对制造加工要求高。例如,壁板、梁、框、座舱盖骨架等结构件,由构成飞机气动外形的流线型曲面、各种异型切面、结合槽口、交点孔结合成复杂的实体。结构件加工不但对形位精度要求高,而且有严格的重量控制和[illegible]用寿命要求。

由于现代飞机性能不断提高,整体结构件成为广泛采用的主要承力构件[illegible]结构件的外形准确,结构刚性好,比强度高,重量轻,气密性好,采用整体结构件可[illegible]件和连接件的数量,装配变形小,可大大降低制造成本。从数控加工的观点来看,梁[illegible]肋、壁板、接头等飞机结构件具有以下特点：

(1) 结构件轮廓与飞机外形有关,大部分为直纹曲面。

(2) 为了减轻重量,要进行等强度设计,往往在结构件上形成各种复杂型腔。型腔靠近外型的槽腔壁常为直纹曲面,一般加工比较困难。

(3) 整体结构件的尺寸大、壁薄、易变形。零件槽腔间距离仅 3～5 mm,腹板厚度也仅有 4～5 mm,筋顶形状复杂。例如,波音 737－700 水平尾翼肋长为 1 900 mm,宽为 650 mm,其腹板厚度仅为 0.5～0.7 mm,隔板厚度为 12 mm,材料总利用率为 2%。某新型飞机的整体框零件毛坯重量为 1 000 kg,加工后的重量只有 50 kg 左右。

加工特点如下：

(1) 加工精度要求高,有严格的重量控制和使用寿命要求。

(2) 零件的加工部位大部分集中在上、下两面。

(3) 零件整体设计方式为装夹带来了便利,可以采用工艺凸台、真空吸盘等装夹方案设计。

(4) 零件设计采用坐标尺寸,为工序设计、数控加工带来便利。

图 5.5 所示为典型的整体框零件。

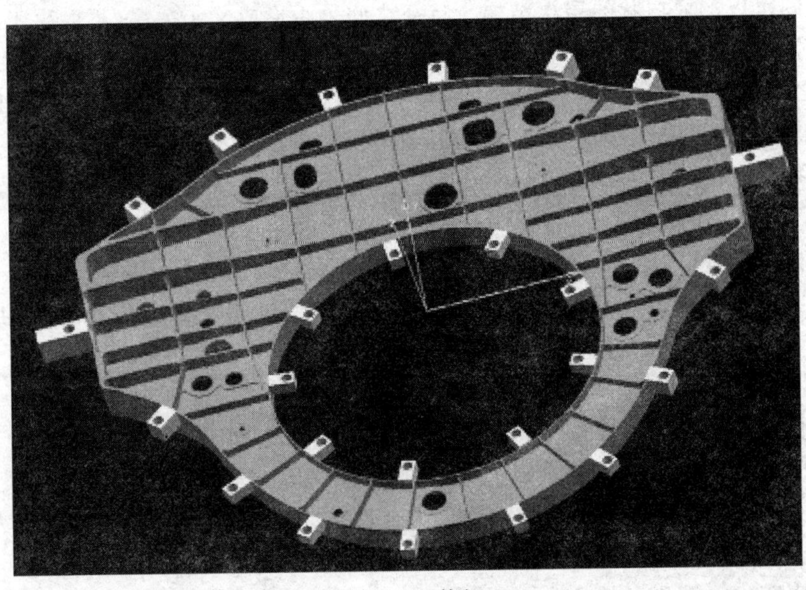

图 5.5　整体框

5.5.2 飞机结构件的特征定义

1. 特征归纳原则

由于整体结构件形状复杂，不能像回转体或箱体类零件一样用成组技术的编码方式来描述，特征成为描述零件的最佳方法，而且成为整个集成系统的基础。

通过对加工对象和工厂加工习惯进行仔细的调查和分析之后，就可以对制造特征进行归纳。结构件特征归纳可以参考以下几条原则。

(1) 用显式和隐式的混合方式来描述特征。

特征的表达有显式和隐式两种方式。显式表达即用特征所包括的几何元素来描述，而隐式表达则通过特征的参数来描述。一般常采用显式和隐式混合的方式来描述特征。

CAPP 主要关心特征的属性部分(即参数部分)，它们关系到加工方法、加工方向、刀具参数等。特征参数是 CAPP 进行工艺决策的依据。CAM 主要关心特征的几何部分，它要利用特征的几何元素来进行刀位计算，但也要用到某些特征参数。

(2) 从加工制造的观点而不是从描述零件实际结构的观点来归纳特征。

特征与特定的工艺规程相对应。例如，槽壁为曲面的槽腔，可以归纳为槽腔特征或曲壁槽腔特征。工厂在进行粗加工时，为了再提高加工效率，往往不管侧壁是否为变斜角(曲面壁)，而先沿槽腔的最内边界按三坐标方式加工直壁槽腔；在半精加工和精加工时才用五坐标方式加工整个槽腔壁，包括其中的曲面壁(即变斜角侧壁)。因此，在归纳特征时，可以认为槽腔都是直壁的，而把曲面壁定义为另一特征——内壁(或称曲壁)，作为槽腔的子特征。这种定义方法为 CAPP 的工序安排和 CAM 的刀位自动生成带来很大好处。

这种方法通常用于在二维或者三维半 CAD 系统上开发的 CAD/CAPP/CAM 集成系统。对于在三维 CAD 系统平台上开发的集成系统，往往不论槽壁是直的还是曲的，都统一定义为槽腔，但应带有标志来区分这两种情况，以便 CAPP 作出不同的决策。

(3) 特征的层次结构。

特征之间可以形成树状的层次结构。特征之间是否形成父子关系，不取决于它们的位置，而是取决于加工时是否互相影响。例如，槽腔底上有一个孔，加工整体槽腔时不影响以后孔的加工，它们之间就可以不形成父子关系。如果考虑对加工顺序的影响，则也可以处理成父子关系，这取决于 CAPP 的加工顺序原则，但槽腔与槽腔中的凸台则一定要形成父子关系，因为加工槽腔时必须要考虑凸台的存在。

(4) 特征分类码的应用。

特征名可以由特征分类码、属性分类码和序号构成，它们在特征模型中是惟一的。其中的属性分类码实际上是成组技术在特征层的运用，可以方便描述特征的语义信息，且具有较大的信息容量。

(5) 参数的设置依据 CAPP 和 CAM 的需求而定。

大多数特征参数的设定是为了满足 CAPP 的需求。例如，轮廓特性的正、负最大摆角参数可供 CAPP 选择切削方式。这是因为各种四坐标和五坐标数控机床的最大摆角是各不相同的，CAPP 应该选择适当的机床来进行加工。如果加工这种特征要求的摆角过大，则不能采用四坐标或五坐标机床加工，而应当采用三坐标行切的方式来加工。

凸台与槽壁之间或凸台与凸台之间的最小距离，决定了用于加工槽特征的刀具的直径。

槽底与槽壁之间的过渡圆角决定了刀具的底齿半径。

CAPP还需要包括容差、表面粗糙度在内的工艺信息。原则上,CAPP应该由特征参数得到进行工艺决策的全部信息,而没有必要取得几何信息,这对于降低CAPP系统的开发难度是非常重要的。例如,从几何定义可以计算槽腔中的凸台与槽腔壁或其他凸台之间的最小距离,从而决定对槽腔粗加工时可选择的最大刀具直径。如果在CAPP中再来进行这种最小距离的计算就很麻烦。解决的方法是在特征定义时进行计算,把计算结果作为特征参数传到CAPP中。CAPP不存取几何实体,使得CAPP相对独立,减少了对CAD平台的依赖性。这一点对于在商品化的CAD平台上做二次开发的系统尤其重要。

CAM除了需要几何信息来进行刀位计算以外,某些特征参数也是非常重要的。例如,在CAD采用线形模型或表面模型的条件下,特征定义时需要用参数说明哪一侧是需要加工的零件材料实体。

(6) 附加工艺特征。

附加工艺特征是产品模型上没有的,是为了制造的需要另外加上去的特征。例如,在加工整体框时,为了装夹方便可以采用工艺凸台。如图5.5所示工艺凸台上的孔是用来上螺丝固定零件的,加工轮廓时留下厚约5 mm的材料,待加工完后切断。这种装夹方式的好处是,加工时不用移动夹板,轮廓加工刀位的计算简单,没有接刀痕迹。

2. 特征的表达

经过对某型号飞机结构几何特点和工艺特点进行详细分析,可以归纳出以下制造特征。

(1) 总体特征:总体特征描述零件的总体信息,其属性有零件图号、版次、材料、毛坯种类、零件尺寸、重量、对称情况、缺省公差等等。它包括了CAD/CAPP/CAM系统和工厂的制造信息系统MIS共享的所有信息。

(2) 轮廓:由曲面或平面构成的零件外型。零件轮廓可以是外轮廓,也可以是内轮廓。轮廓上还可能带有下陷、凸缘以及用来帮助装夹的工艺凸台等子特征和附着特征。轮廓是由平面还是曲面组成以及曲面的摆角变化如何则决定了要用什么机床、什么方式来加工它。

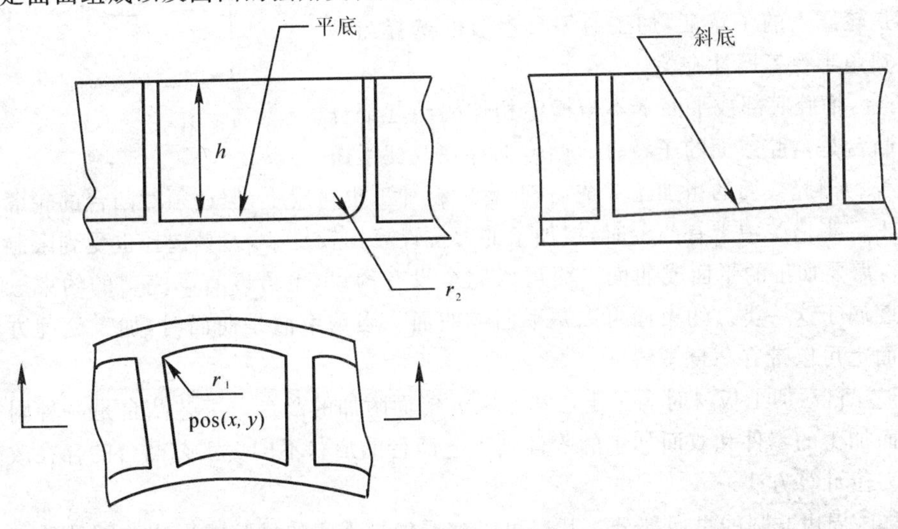

图5.6　槽腔

(3) 槽腔:周边封闭、有底的一种结构(侧壁和工作台平面垂直),如图5.6所示。考虑到工厂的加工习惯和简化 CAPP,CAM 的算法,槽腔被认为都是直壁的(即槽腔侧壁垂直于槽腔底面),而把曲面壁(即其侧壁不垂直于底面,其斜角是变化的)作为槽腔的子特征。槽腔可以是平底的,也可以是斜底的。槽腔内可以有槽腔、凸台等子特征。槽腔的高度和最小转角半径等影响刀具的选择。槽腔加工 可以用环切加工,也可以用行切加工。斜底槽腔一般采用行切加工。

(4) 曲壁:附着在槽腔上的曲面壁。它可以作为槽腔的子特征出现。带有曲面壁的槽腔一般靠近外轮廓或内轮廓,与外型有关。这样的槽腔通常先作为直壁槽腔用三坐标机床进行粗加工,再用五坐标机床进行半精加工和精加工。

(5) 筋:即轮廓、槽腔加工完成后顶部需要加工的部分。槽腔和筋是结构件中最常见的形状。筋的情况相当复杂,按其形状,可分为直顶筋、斜顶筋和曲顶筋;按加工方向,可分为单向的和双向的;按照它与其他特征的关系,可分为有约束的和无约束的,或一端约束、两端约束、侧边约束。刀具的选择及加工方式与筋的长度、宽度、圆角半径等有关。

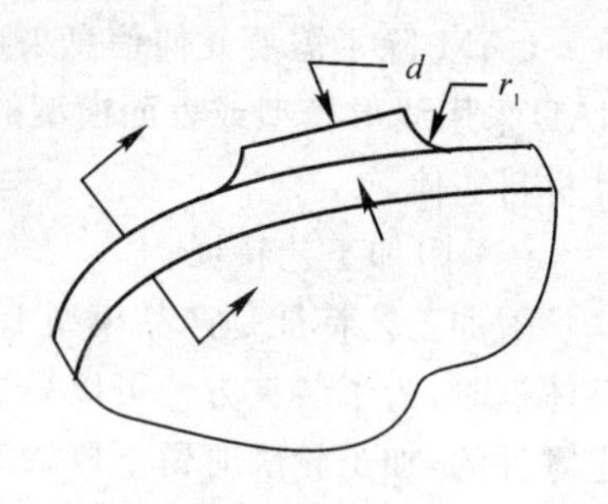

(6) 孔:在零件上的圆形贯通部分以及靠刀具形状成型的凹陷部分。孔包括通孔、尖底盲孔、平底盲孔、螺纹通孔、螺纹盲孔等。按照它在零件上的方向,又可以分为直孔、斜孔。孔的顶部还可以有锪平或锪窝。孔的属性除了直径与深度之外,还包括螺纹与锪窝的参数,以及有关孔的精度参数。

(7) 分布孔:一组属性相同而位置不同的孔。分布孔是孔的父特征。定义分布孔可以简化特征定义和决策过程。

(8) 倒角和倒圆:用成型刀对零件棱边进行加工的特征。

(9) 下陷和凸缘:下陷或凸缘是轮廓或槽壁上凹进或凸起的局部区域(通常与轮廓面为等距面),如图 5.7 所示。下陷和凸缘都是轮廓上的子特征,加工时刀具参数的选择与特征的深度及圆角半径等属性有关。

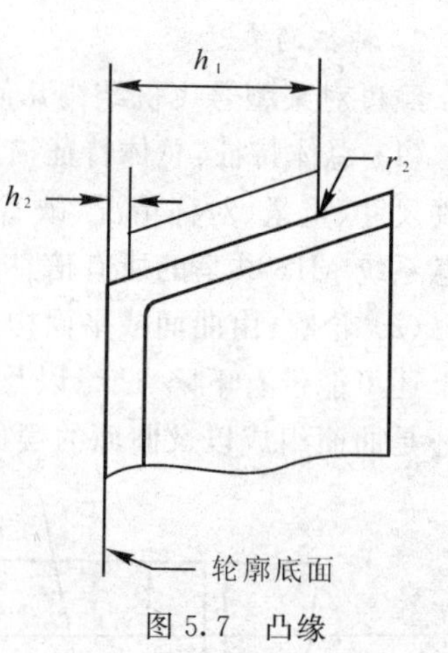

图 5.7　凸缘

(10) 凸台:槽腔底部或平面上不与槽壁相连的凸起部分(即孤岛)。凸台是槽腔或面的子特征。凸台的存在改变了槽腔的加工路线。槽腔或面的粗加工完成后,凸台的粗加工也完成了,但还须对凸台的轮廓和顶部进行精加工。当槽腔中带有凸台时,粗加工的刀位计算比较复杂,刀具选择也受到限制。

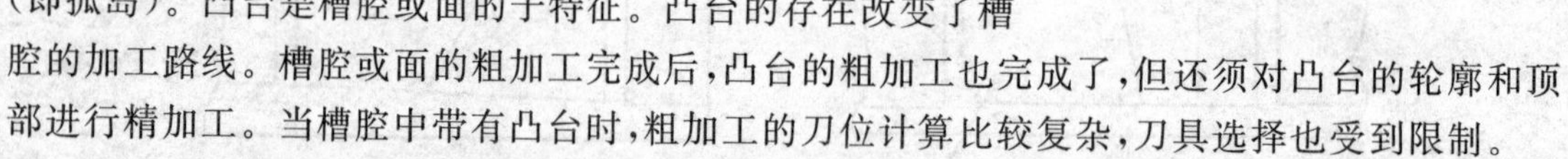

(11) 面:需要加工的平面或曲面。面可以完全没有约束,也可以有不完整的约束。不完全闭合的槽腔属于这一类。约束面可以是平面或曲面。当约束面是曲面时,加工处理方法类似于槽腔。面也可以带有凸台子特征。

(12) 工艺凸台:加工板材时为了定位和装夹需要而附加的凸台。工艺凸台是一种附加工艺特征。单面加工的零件和双面加工的零件其工艺凸台的形状不同。工艺凸台的存在改变了轮廓加工的刀位计算方法。

(13) 开口:周边非圆的贯通部分。开口可以被看做是无底的槽腔或周边非圆的孔。它的壁一般也是直的。这是一种简单特征。

以上是结构件最常见的特征,图 5.8 给出部分特征实例。随着加工对象和加工习惯的不同还可以归纳出其他特征，或者具有不同属性的相同特征。

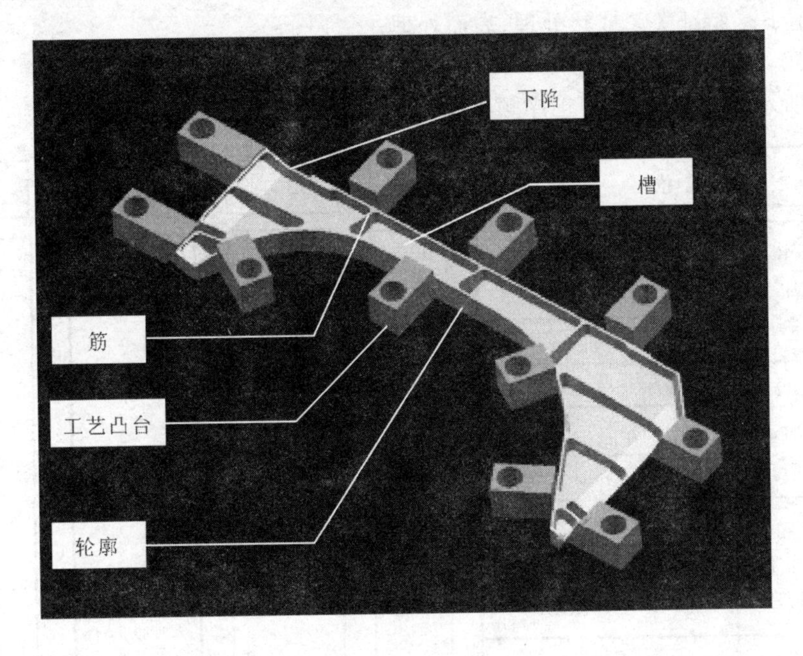

图5.8　零件特征示例

5.5.3　工序排序方法

在FA－CAPP工序排序决策研究中，提出了“工序顺序码”概念，并应用于FA－CAPP专家系统的开发中。

1. 工序顺序码的定义及其影响因素

工艺路线是工序的有序集合，每一工序在工艺路线中的位置是由许多因素决定的。在特定生产环境下，对于特定的生产对象集合，通过对工序进行规范化与标准化，所形成的全部标准工序，可以根据各种影响因素，预先在不针对具体零件的前提下，确定其大致顺序。“工序顺序码”概念正是在这一认识的基础上提出的。

根据工艺设计原则及飞机结构件数控加工实际情况，影响工序顺序的主要因素有：

(1) 加工阶段与热表处理：根据先粗后精原则，粗加工工序排在精加工工序前面；热处理等特殊工序在工艺路线中根据其性质，都占据着特定的位置，通常是各个加工阶段的分界线。

(2) 基准工序的关系：在同一加工阶段内，按照基准工序先行的原则，基准工序排在非基准工序前面。

(3) 加工形式：在同一加工阶段内，不同加工形式的工序，通常有特定的加工顺序。

(4) 特征关系：在同一加工阶段，不同的加工工序，通常按照工序内所加工的重要特征的相互关系有一定的排列顺序，如先主后次等。

在FA－CAPP中，工序顺序码由6位十进制数字构成，其中各码位的含义如下：

第1位码：加工阶段与热表处理；

第2位码：加工方位；

第 3 位码：加工方法；

第 4,5 位码：特征关系或热处理、表面处理；

第 6 位码：辅助工序。

图 5.9 所示为 FA－CAPP 工序顺序码的基本结构。

第1位码			第2位码	第3位码	第4位码 第5位码	第6位码
	粗加工阶段	下料等准备工序	0：工艺决策中该位码动态改变	0：热处理等特殊工序	05，10，15，20，25，30，…	5
		机械加工与辅助工序				
		热处理等特殊工序				
	半精加工阶段	机械加工与辅助工序		1~9：其他工序		
		待用				
		热处理等特殊工序				
	精加工阶段	机械加工与辅助工序				
		待用				
		热处理等特殊工序				
	不用	不用				

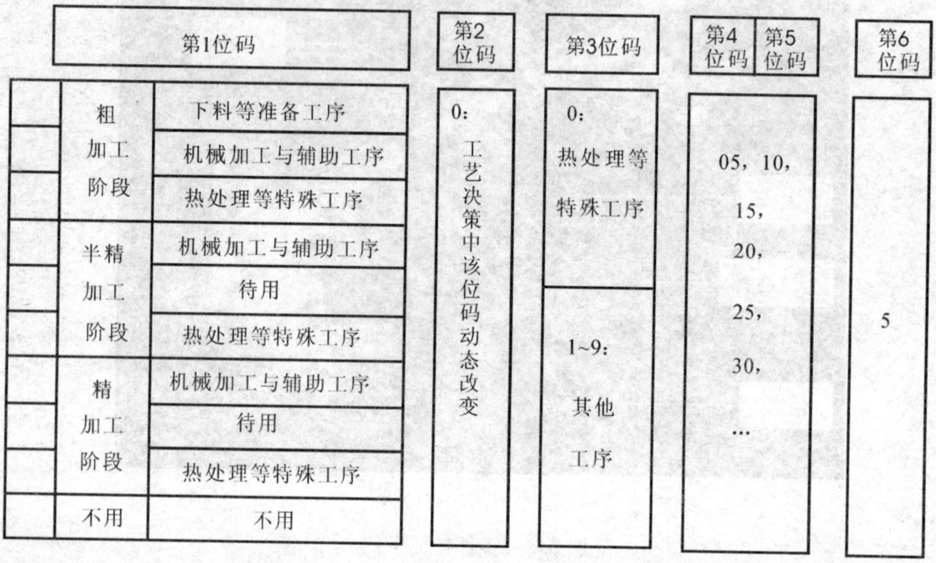

图 5.9　FA－CAPP 工序顺序码的基本结构

表 5.3 为 FA－CAPP 部分工序的顺序码表。

表 5.3　FA－CAPP 部分工序的顺序码表

机械加工工序		热处理等特殊工序	
工序名称	工序顺序码	工序名称	工序顺序码
粗铣槽	201055	下　料	100005
粗铣轮廓	201105	分　光	600105
半精铣	401105	中　检	600205
钻　孔	403055	热处理	600305
精铣外形	701055	磁力探伤	900105
精　铣	701105	硬度检查	900205
孔加工	703055	称　重	900305
钳工倒角	709055	表面处理	900505
		成品检验	900605

2. 基于工序顺序码的工序排序方法

在工序排序工艺决策中，针对某一具体零件进行工序排序决策时，根据具体情况，按照不同的影响因素和相应规则，对预置的相应码位动态改变，成为具体工序的工序顺序号。决策完成后，按工序顺序号值的大小进行排序，并在输出时，将其转换为1,2,3,…序列或5,10,15,…序列等。

例如，某一零件有两道“粗铣槽”工序，其工序顺序码为201055(见表5.3)。若先加工A面，则加工A面工序的工序顺序号为211055，加工B面工序的工序顺序号为221055。形成该结果的两条规则是：

(1) 规则1：如果 是“粗铣槽”工序 且
加工方位是“A” 且
主定位方位是“B”
则 工序顺序号 = 工序顺序码 + 10000

(2) 规则2：如果 是“粗铣槽”工序 且
加工方位是“B” 且
主定位方位是“B”
则 工序顺序号 = 工序顺序码 + 20000

对于辅助工序，不存在独立的工序顺序码。它的工序顺序号由非辅助工序的工序顺序号确定。例如，对于知识条款：

“在成品检验工序之后，插入油封入库工序”，可用规则表示为：

如果 存在“成品检验”工序
则 安排“油封”工序 且
工序顺序号 =“成品检验”工序的工序顺序号 + 1

根据表5.3，成品检验工序的顺序码为900605，则“油封”工序的顺序码为900606。

5.5.4 FA-CAPP应用

1. 零件特征信息获取

进行工艺过程决策以前，须获取零件特征信息。在FA-CAD/CAPP/CAM集成系统中，一个零件的特征信息模型是在该零件的几何模型基础上，通过交互式特征定义的方法建立的，零件的完整信息模型存储在几何数据库中。CAPP系统通过专用程序接口从几何数据库中提取零件特征信息，供工艺过程决策使用。对于图5.10所示零件，其部分特征信息可表示如下：

feature(P0011006，内槽，Z+，48.00，1.50，10.00，4.00)
feature(P0000508，内槽，Z-，48.00，3.50，10.00，4.00)
feature(H0000015，孔，Z，60.00,6.00)
feature(H0000016，孔，Z，20.00,5.00)

2. 工艺决策

根据零件特征信息，由工艺决策专家系统自动进行工艺过程决策，其决策过程为：加工方法选择、加工余量选择、机床类型选择、刀具类型选择及刀具主参数确定、工步生成、工序生成、工序排序、热处理工序安排、辅助工序插入、机床选择、工序内各工步排序、辅助工步插入、刀具检索、加工参数选择、工步内各特征加工(加工元)排序等。

工艺人员可对专家系统生成的工艺规程进行交互编辑。系统提供的编辑功能有：加入新的工序、更新工序、删除工序、加入新的工步、更新工步、删除工步、加入新的加工元、更新加工元、删除加工元、移动工步、合并工步等。

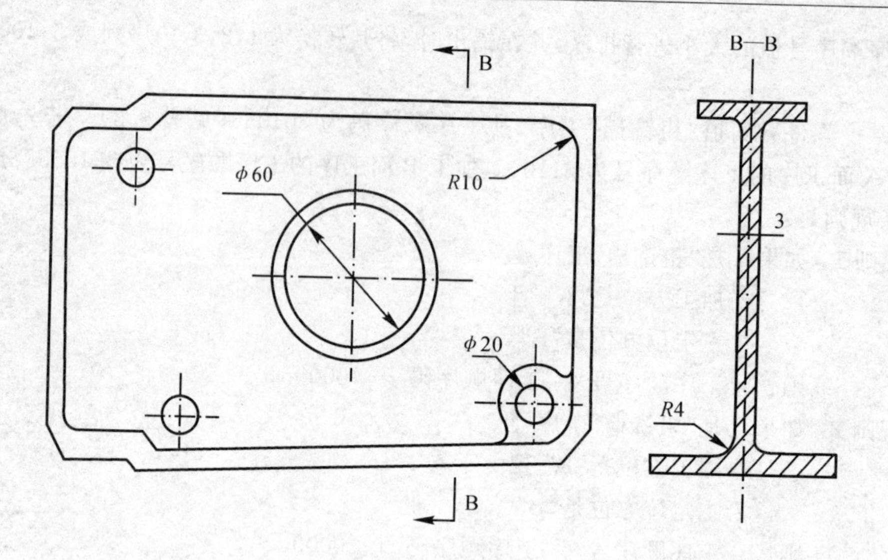

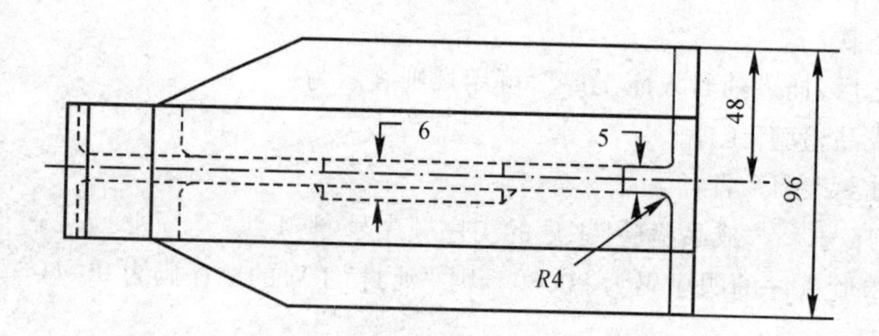

图 5.10　飞机结构零件示例

决策完成后，将完整的工艺规程信息存放到工艺规程文件中。对于图 5.10 所示的零件，生成的工艺路线可表示为：

OPERT/5，下料，XK－715F

OPERT/10，铣毛坯底面，XK－715F

OPERT/15，粗铣平面，XK－715F

OPERT/20，粗铣平面，XK－715F

OPERT/25，粗铣，XK－715F

OPERT/30，粗铣，XK－715F

OPERT/35，精铣外形，NIV1250

OPERT/40，精铣外形，NIV1250

OPERT/45，精铣，NIV1250

OPERT/50，精铣，NIV1250

OPERT/55，钳工

OPERT/60，半成品检验

OPERT/65，荧光检验

OPERT/70，称重

OPERT/75，表面处理

OPERT/80 成品检验

其中，工序50的一个工步可表示为：

STEP/1，精铣槽

TOOL/15102070，立铣刀，2510012/2076R4，20.00，4.0，2，76.0

PARAM/1200.000，600.000

CUT/P0021006,1.000000

CUT/P0011006,1.000000

ENDSTEP

3. 工序图生成

根据工艺决策结果，提取零件模型中的零件几何信息，自动生成机械加工工序的工序底图(其中白色表示非加工特征，绿色表示加工特征)，并在底图基础上进行图形编辑、工序尺寸及图符文本的标注。

从1992年开始，西北工业大学和相关单位合作开发针对飞机整体结构件数控加工的面向特征的实用集成系统——FA－CAD/CAPP/CAM。从1994年开始，FA－CAD/CAPP/CAM系统被用于某新型飞机的生产。该系统的应用使工艺规程编制和数控编程周期缩短1/2～2/3，提高了工艺质量和程编质量，为完成该新型飞机的数控零件程编加工发挥了重要作用。

从用户观点来看，面向特征的CAD/CAPP/CAM集成系统具有以下特点：

(1) 自动化程度高。除了在特征定义阶段用户需要用交互方式根据加工的需要来定义制造特征外，工艺决策和刀位计算阶段都是完全自动化的。在这两个阶段又都为用户提供了根据自己特定的需要进行人工干预的功能。

(2) 对使用者要求低。CAPP的专家系统吸取了企业多年在数控加工方面积累的经验，使得初学者也可以利用集成系统来完成复杂的工作，减少了工艺设计和数控编程的任意性，有利于工艺设计和数控编程的规范化和标准化。

(3) 知识库具有开放性。由于使用了开放的数据结构，很容易对知识库进行扩充和修改。用户自己可以利用工艺知识库管理界面来修改知识库的内容，使新技术、新工艺能在企业中及时得到应用。

(4) 易于同企业CIMS的其他分系统集成。CAD/CAPP/CAM系统是企业信息化系统的一个组成部分，它从外部得到设计模型、企业制造资源等信息，向外输出工艺规程等文档、刀位文件、NC文件等信息，与PDM、车间管理、质量保证系统、MIS等分系统存在着密切的数据联系，做到了至关重要的信息集成。

第6章　制造工艺信息系统

6.1　制造工艺信息系统概述

6.1.1　制造工艺信息及工艺管理

机械制造企业的工艺信息是指企业生产经营管理活动中发生的与工艺工作有关的信息，它贯穿于产品形成的全过程。工艺信息管理要对工艺信息的产生、发展、变化进行全面的跟踪与管理，包括产品设计信息、企业制造能力信息、生产工艺人员的专业知识以及有关的工艺文件(如工艺方案、工艺路线、工艺规程等)，这些工艺信息直接影响产品的制造过程。

1. 工艺信息

工艺信息一般包括基础工艺信息和产品工艺信息。

(1) 基础工艺信息：基础工艺信息包括企业的生产组织、生产类型、总体布置、车间布置、设备配置、外协情况，以及各种专业工艺规范、工艺试验、新工艺、新技术信息等。

(2) 产品工艺信息：产品工艺信息包括：

1) 工艺方案：产品制造工艺总方案。

2) 工艺路线：产品、零件从原材料到成品的总的制造流程。

3) 工艺规程：包括产品、零件的详细工艺过程及加工工序、工步的详细内容。

4) 工装信息：包括与工装相关的技术信息，如设计要求、图样和技术资料等。

5) 材料定额：产品、零件的材料消耗定额。

6) 工时定额：产品、零件的工时消耗定额。

在工艺信息的产生、处理和传递过程中，工艺信息以符合企业规范的各种工艺文件的形式存在。因此对制造工艺信息的管理，一方面是对工艺文件本身及其产生、处理和传递的过程进行管理，另一方面是对工艺文件所包含的信息以结构化的数据进行管理。

(3) 工艺文件的编制依据与内容：

下面以某大型企业工艺文件的编制为例，简要说明工艺文件的编制依据和主要内容。

工艺文件的编制依据：

1) 产品图纸和图形数据。

2) 标准：包括技术标准及其他相关标准。

3) 规范：包括通用规范和专用规范。

4) 手册：指通用工程手册。

5) 有效文件：指必须贯彻的合法文件。

工艺文件的主要内容：

1) 确定工作/任务范围；

2）交付状态。

3）质量要求。

4）制造依据。

5）产品制造顺序。

6）产品的流程和周期图。

7）产品制造地点。

8）产品制造的风险及预防（关键措施）。

9）产品制造的物料需求（零组件/器材目录）。

10）产品制造的进度、费用。

11）产品分工。

12）产品制造方法（如：互换、协调等）。

13）制造资源分配（如：设备、工艺装备、工具、条件）。

2. 工艺文件的层次

为了便于管理，工艺文件根据其在生产中的作用通常分层、分类建立。工艺文件的层次如图6-1所示。

（1）指令性文件：是公司级文件，由工艺部门编制并管理，可分为5类文件：

1）指令性工艺文件：包括工艺总方案、装配协调方案、综合工作说明等；

2）标准资料文件：包括工艺标准说明书、材料标准说明书、质量标准说明书、典型工艺规范、新工艺生产说明书；

3）工艺计划文件：包括工艺路线分工、零件细目表、标准件目录、原材料目录；

4）工艺流程文件：包括项目流程、制造流程、总流程、厂流程、站位流程、工位流程、工序流程；

5）综合工艺文件：包括技改措施、互换技术条件、技术关键措施、工艺装备品种表、厂房布置、维护说明书。

（2）生产性文件：是厂级制造工艺文件，由各分厂或车间工艺部门编制并维护，可分为3类：

1）制造大纲（工艺规程）：包括装配大纲、零件制造大纲；

2）加工说明书：装配加工说明、制造加工说明；

3）其他文件：定置管理图、零件配套表、器材消耗定额、材料消耗定额、工时定额、各种汇总工艺明细、工艺流程图、工装品种表、刀具品种表、外购件目录。

3. 工艺管理

工艺管理是企业科学地计划、组织和控制各项工艺工作的过程。工艺管理存在于将原材料、半成品转变为成品的全过程，要对制造技术工作实施科学、系统的管理，另外工艺管理又带有解决、处理生产过程中人与人之间的生产关系的社会科学性质。工艺管理的主要内容如下：

（1）基础性、方向性、共同性的工作：

1）编制工艺发展计划。

2）编制技术改造计划。

3）制定与组织贯彻工艺标准和工艺管理规章制度，明确各类人员和有关部门的工艺责任和权限，参与工艺纪律的考核和监督。

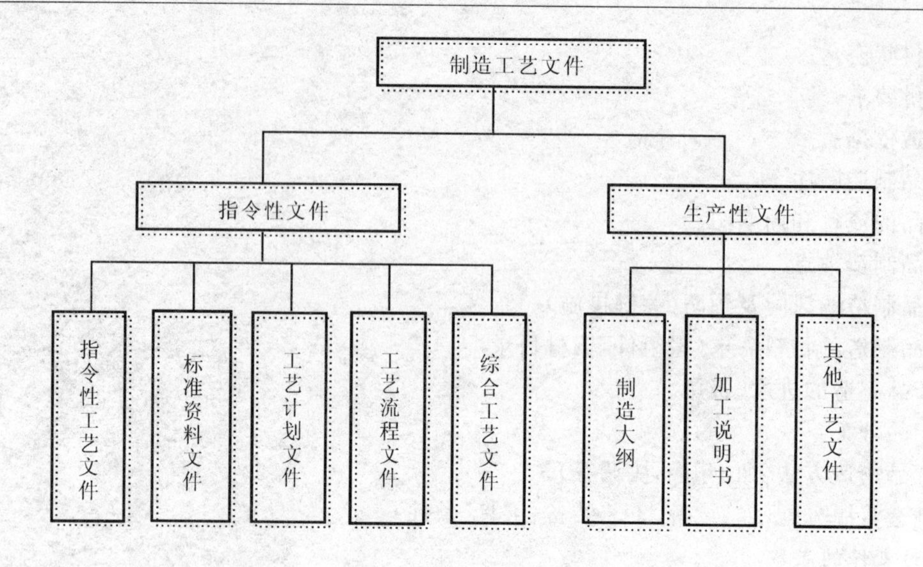

图 6.1　工艺文件层次

4）开展新工艺试验研究。

5）组织开展工艺技术改进和合理化建议。

6）开展工艺情报信息的收集、整理、分析和研究，及时掌握国内外工艺技术和工艺管理的发展动态，提出有利于企业工艺工作的新建议。

（2）产品生产的技术准备：

1）产品设计的工艺性审查。

2）工艺方案、工艺路线设计和工艺规程管理。

3）工艺定额（材料定额、工时定额）管理。

4）专用工艺装备的设计制造及生产验证，通用工艺装备标准的制定。

5）技术验证和总结，包括工艺验证、工艺标准验证、工时定额验证。

（3）制造过程中的组织管理和控制工作：

1）科学地分析产品零部件的工艺流程，合理地规定投产批次。

2）监督和指导工艺文件的正确实施。

3）发现和纠正工艺设计上的差错，总结工艺实施过程的各种先进经验，力求工艺过程的最优化。

4）确定工序质量控制点，规定有关管理和控制的技术内容。

5）配合生产部门搞好文明生产和定置管理，按工艺要求保证毛坯、原材料、半成品、工位器具、工艺装备的准时供应。

6.1.2　制造工艺信息系统的概念及要求

在现代机械制造企业中，制造工艺信息系统是对企业的工艺过程进行设计、技术管理与控制，保证工艺活动按照设计的路线、流程、规程等技术要求达到最终生产合格产品的目标。制造工艺信息系统为工艺系统提供各种软件的运行支持，从各个方面保证工艺系统的有效工作。

传统意义上的 CAPP 系统可完成工艺过程的设计工作，但是并没有涉及工艺系统的所有工作，尤其是大量、烦琐的工艺管理工作。对于制造工艺信息系统而言，工艺设计功能仅是系统的一个重要的功能组成部分，因此制造工艺信息系统是以各专业工种的计算机辅助工艺过程编制为基础，并包括制造工艺信息管理、工艺管理及工艺设计流程管理功能，以实现产品工艺设计及管理的一体化。

制造工艺信息系统的建立应基于信息科学的理论，通过对工艺信息及流程的分析，确定内容、分类、信息结构及流程，支持企业产品制造活动的合理化和优化。制造企业对制造工艺信息系统的基本要求如下：

(1) 具有开放式的体系结构。

企业能够顺利、迅速、有效地完成生产任务，依赖于企业信息系统的各个子系统之间的信息交换与协作，这要求企业信息系统是一个开放式的体系结构。制造工艺信息系统是企业信息系统的重要组成部分，它要与其他系统发生联系，实现数据共享，并满足其他系统的多种要求。因此制造工艺信息系统应是一个与其他系统集成的开放体系结构，而不是一个独立的封闭系统。

(2) 工艺设计流程的管理。

工艺设计流程是为了达到一定的目的，根据一组定义的规则将文档、信息和任务在工艺工作参与者之间进行传递、处理和管理的过程。要实现工艺设计流程的高效管理，需要通过企业局域网，利用企业的各种各样的设计信息、资源，实现企业范围内得到授权的人员来执行相应的工艺设计与管理任务。此外，工艺设计流程应该是柔性的，即允许客户随着时间的推移定制、重定义与改进业务过程。

(3) 实现协同设计。

工艺设计的协同工作包括协同工艺设计、协同工艺工作过程管理、协同工艺设计团队的建立与组织、协同制造资源支持、协同工艺设计的冲突消解策略、协同系统安全、通信支持等。

(4) 工艺性与可制造性分析。

基于制造工艺信息系统的工艺信息和工艺管理，可进行工艺性与可制造性分析，对产品在制造中的一些工艺问题进行加工工艺性评价和对制造系统提出加工难点预报以便事先做好加工条件的准备工作，平衡资源。

(5) 基于单一工艺数据源的工艺信息管理。

在制造工艺信息系统中，存在多种数据，需要在企业的各个应用系统中处理和传递。从工艺管理和系统运行的角度，都需要建立单一的工艺数据源，对数据进行统一存储和管理，达到工艺信息的共享和集成。

制造工艺信息系统的应用不仅仅可以实现企业产品工艺设计和管理的计算机化和信息化，它的成功实施也必将促进企业工艺的标准化与工艺管理的科学化、规范化，从而提高产品的质量，缩短新产品开发周期，降低产品成本。

6.1.3　基于单一工艺数据源的工艺设计与管理一体化

在制造工艺信息系统中存在各种工艺设计与管理数据，这些数据需要在制造工艺信息系统中处理和传递，其他相关的应用系统也需要获取相关的工艺数据。从企业管理和数据共享集成的角度，需要建立一个单一工艺数据源，对工艺相关数据进行统一存储和管理，实现整个系统对工艺数据的共享和集成。也就是说，制造工艺信息系统的全部数据都存储在单一工艺数据源中，各种工艺数据只存在惟一的一份。而制造企业各计算机应用系统所需要的工艺数据都是从单一工艺数据源中取得，它们生成的共享信息也都存入单一工艺数据源。这样，各个应用系统只需具有与单一工艺数据源的接口，即可完成信息的存储和共享，而不必涉及相互之间的复杂关系和数据如何存储，简化了应用系统的设计。制造工艺信息系统将全局性的共享信息集中到单一工艺数据源中统一管理，避免了将信息分散到各个应用系统中引起的格式不一致等问题，降低了信息集成的难度。从用户的角度来看，数据和处理数据的应用软件是分离的，可以方便地采用不同的应用软件完成数据处理工作，通过单一工艺数据源即可完成全部的数据管理工作，如安全管理、备份恢复等，方便了系统的管理。单一工艺数据源示意图如图 6.2 所示。

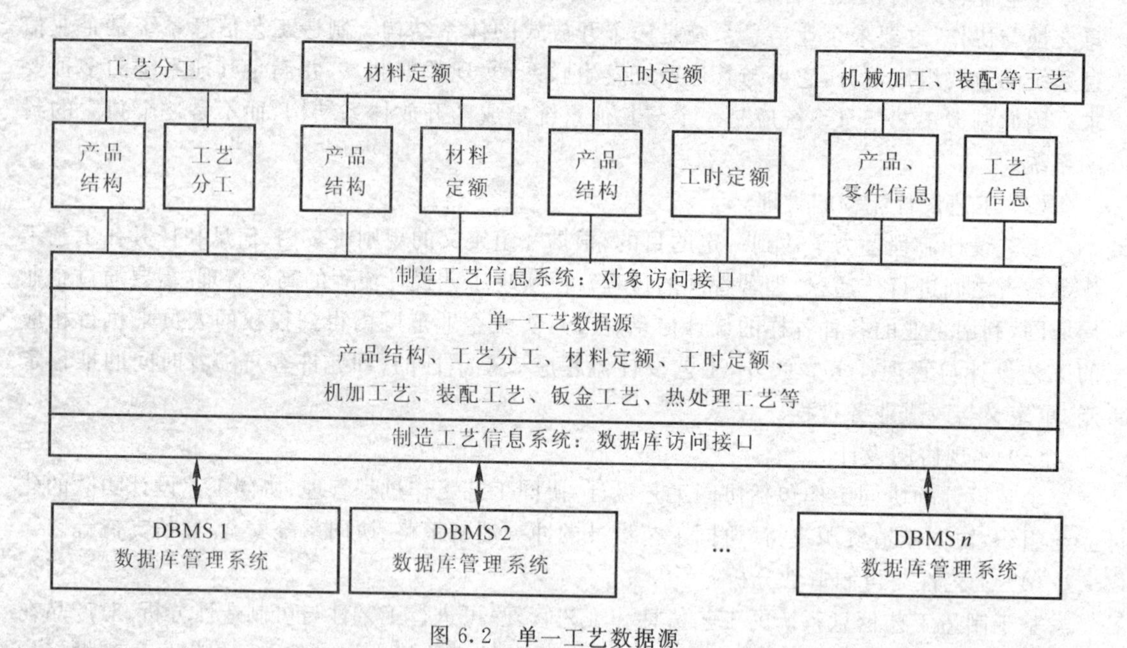

图 6.2　单一工艺数据源

应该指出，单一工艺数据源只体现在用户和应用系统前的数据逻辑结构上，不涉及数据在数据库系统中的实际存储。在单一工艺数据源中的数据不是数字、字符串等离散数据，也不是库、表等数据库对象，而是具有工程语义的工艺文件、工序等对象。单一工艺数据源必须基于制造工艺信息系统统一建立和维护，并提供统一的访问接口。通过单一工艺数据源可为企业在正确的时间、正确的地点，以正确的方式为正确的人提供正确的工艺信息提供基础支持。

6.1.4　制造工艺信息系统的体系结构

由于工艺设计与管理具有层次性、渐进性、并行性和反馈性的特征，制造工艺信息系统包括工艺信息管理、工艺文件管理及工艺设计流程的管理。工艺信息管理包含数据管理和文档管理。数据管理是针对产生的工艺数据进行有效的管理；文档管理就是对产生的各种工艺文件等进行有效控制与追踪。工艺设计流程管理包括从接到产品订单产生设计图纸，制定分工计划，工艺路线，车间再次进行工艺分工、制定进度表以及编制工艺的批准、签字、审核、会签等涉及工艺活动的全过程。图 6.3 表示了从不同角度反映工艺信息系统的功能：工作流（工艺设计流程）是功能视图，而作为工艺信息的文档流、数据流是信息视图。其中数据流是核心，工作流是为数据流服务的,目的是为了按时产生正确的数据流并进行有效的控制,文档流由数据流产生,是数据的格式化表示。

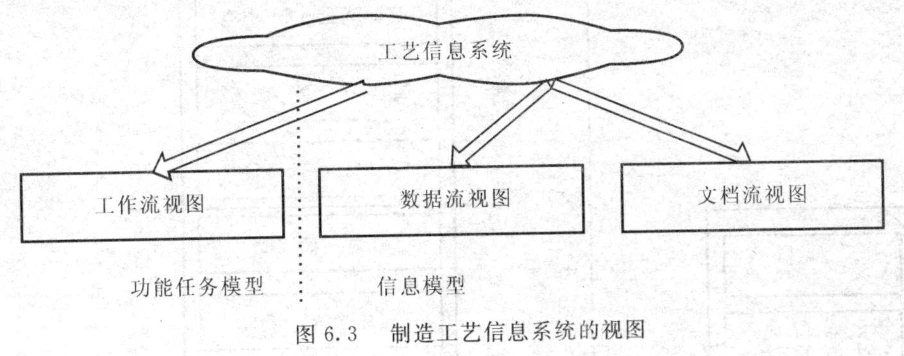

图6.3　制造工艺信息系统的视图

在制造企业中,工艺管理一般分为两级管理:企业级和车间级。

1. 企业级工艺管理

企业级工艺管理由企业工艺部门完成,其主要任务有:

(1) 进行产品工艺性审查:从工艺角度对设计部门分发的设计图纸和相关技术资料进行审查。

(2) 制定产品工艺方案及计划:对设计的零组件细目表进行工艺构型设计,建立工艺计划表,将工艺设计任务分解到各专业工艺室,实现产品设计信息到产品工艺BOM表的转换。

(3) 划分工艺路线,制定工艺路线图表,分派各车间的工艺任务。

(4) 根据设计图纸及工艺计划表编制零件、外协件、成品、标准件、器材的工艺配套卡片,提供给生产部、联营部、供应部,作为配套领用的依据,并根据设计图纸及工艺计划表编制黑色金属、非金属、器材、成品、标准件的材料定额。

(5) 对车间编制的工艺文档进行会审和会签,各类汇总统计,包括材料消耗工艺定额和工时定额。

(6) 根据车间提出的工艺装备需求,作出工艺装备生产计划。

(7) 对产品图、技术指导文件、工艺标准等文档进行管理。

(8) 通知、更改信息的发放,车间信息的查询管理。

2. 车产级工艺管理

车间级工艺管理由车间工艺部门完成,其主要任务有:

(1) 零件图纸的分析,工艺方案的制定。

(2) 零件毛坯设计。

(3) 工艺规程编制:包括加工方法选择、加工阶段划分、加工顺序安排、设备和工艺装备选择、材料定额编制、工时定额制定等。

(4) 专用工装设计。

在企业信息技术的集成应用环境下,制造工艺信息系统在实现对工艺数据的全面管理的基础上,还要保证产品CAD,CAPP,CAM在内的内部信息集成与共享,并为质量信息系统、管理信息系统提供大量工程和管理等信息,实现全局性的信息集成与共享。从企业工艺信息管理的具体需求出发,按照企业当前的组织结构,制造工艺信息系统逻辑上应是两级的结构。以某企业为例,其制造工艺信息系统的功能信息流程如图6.4所示。

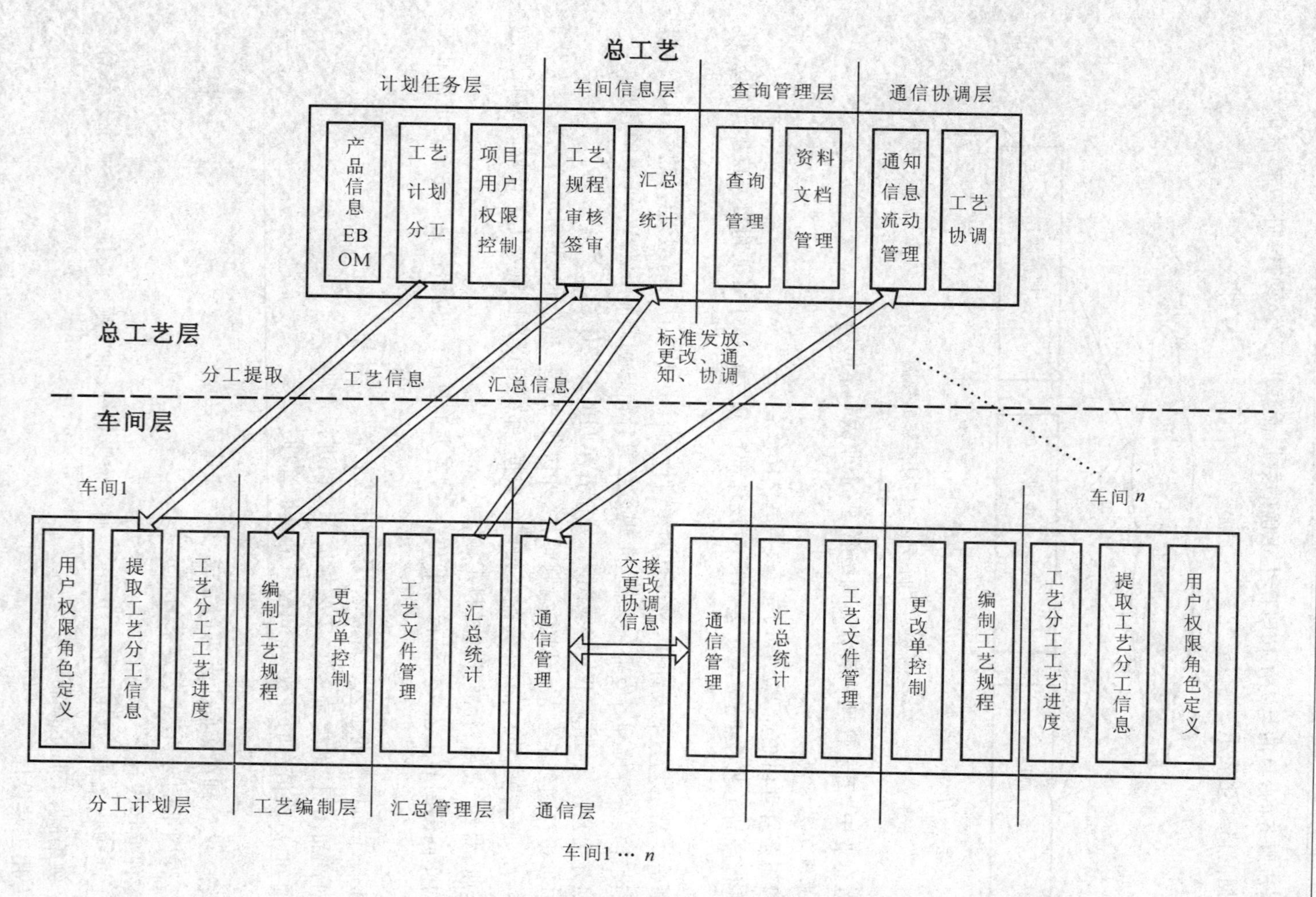

图 6.4　制造工艺信息系统信息功能图

6.2　工艺数据库

在编制工艺规程时，涉及大量的各种各样的数据，如切削参数、加工余量、标准公差、设备、工艺装备以及工艺规程等数据。对于这些数据一般采用数据库进行存储、管理和维护。其优点是：

(1) 数据查询速度快、管理和维护方便；

(2) 容易保证数据的一致性、完整性；

(3) 容易实现数据的共享；

(4) 数据安全性好。

下面首先简单介绍关系数据库设计的基本方法，然后以切削参数库为例描述工艺数据库的设计与开发。

6.2.1　关系数据库设计

逻辑数据库设计(Logical Database Design)也被简单地称做数据库设计(Database Design)，它采用某种方法描述数据项的基本属性并建立它们之间的相互关系。它的目标是用数据库的基本数据结构表示现实世界中的数据项。具有不同数据模型的数据库，它们表示数据的数据结构是不同的。在关系数据库中，表示数据的数据结构就是所谓的关系表。下面我们将集中讨论关系数据库的设计。

数据库设计一般采用实体-联系法(Entity - Relationship Approach)，即 E - R 方法。E - R方法试图提供一种数据项的分类方法，使设计人员能够直观地识别出数据类别对象的不同类型(实体、弱实体、属性、联系等)，从而将列出的数据项及它们的联系分类。在创建表示这些对象的 E - R 图之后，设计人员可以通过一个直观的过程将设计转换成为数据库系统的关系表和完整性约束。下面将首先介绍 E - R 方法中的一些概念。

1. E - R 概念介绍

在逻辑数据库设计过程中，如果直接将现实世界的信息构造成某个特定的数据库管理系统所能接受的逻辑数据结构，一般是比较复杂和困难的。因此通常采用 E - R 方法进行逻辑数据库设计。所谓 E - R 方法就是在逻辑设计过程中，不是直接将现实世界的信息构造成某个系统所能接受的逻辑数据结构，而是首先采用 E - R 图描述现实世界的信息，称为组织模式。这种组织模式独立于具体的数据库系统。然后根据具体系统的要求，将组织模式转换成特定系统所能接受的逻辑结构。简言之，E - R 方法由两部分组成：一部分是由 E - R 图描述的现实世界；另一部分是将 E - R 图转换成相应的数据库系统的模型。

(1) 实体、属性、联系和 E - R 图：

实体(Entity) 就是具有公共性质的可区别的现实世界对象的集合。现实世界上任何可以明确识别的事物和事件都是实体。例如，在 2.6.2 小节介绍的订单处理系统的数据库例子中，CUSTOMER，AGENT，PRODUCT 都是实体。一个实体通常会被映射成一个表，表的每一行对应于一个可区别的现实世界对象(这些对象组成了实体)，称为实体实例(Entity Instance)。

属性(Attribute) 是描述实体或者关系性质的数据项。在实体定义中，属于一个实体的所有实体示例具有共同的性质。在 E－R 模型中，这些性质就是属性。我们将看到，E－R 模型中的属性和关系模型中的属性或列是相对应的。

联系(Relationship) 实体之间可以存在联系。例如，代理商-商品联系是描述代理商提供哪些商品的一种联系。同样，联系也可以区分成不同类型，例如一对一(1∶1)、一对多(1∶*N*)、多对多(*M*∶*N*)联系。

如果一个实体的所有实例都通过一个联系依赖于另一个实体的实例而存在，那么这个实体就称为弱实体。例如，在一个有关公司的数据库中，存放有职工的信息，也有职工子女的信息。如果一职工离开了公司，那么该职工子女的信息也就不存放在数据库中了，即实体子女的存在依赖于实体职工的存在，所以实体子女是弱实体。

E－R 图就是利用图解方法描述实体、属性及其联系的图形。在 E－R 图中，实体用矩形框表示，弱实体用虚线矩形框表示，联系用菱形表示，属性用椭圆形表示，并用直线连接到实体。图 6.5 给出了订单处理系统的数据库的 E－R 图。

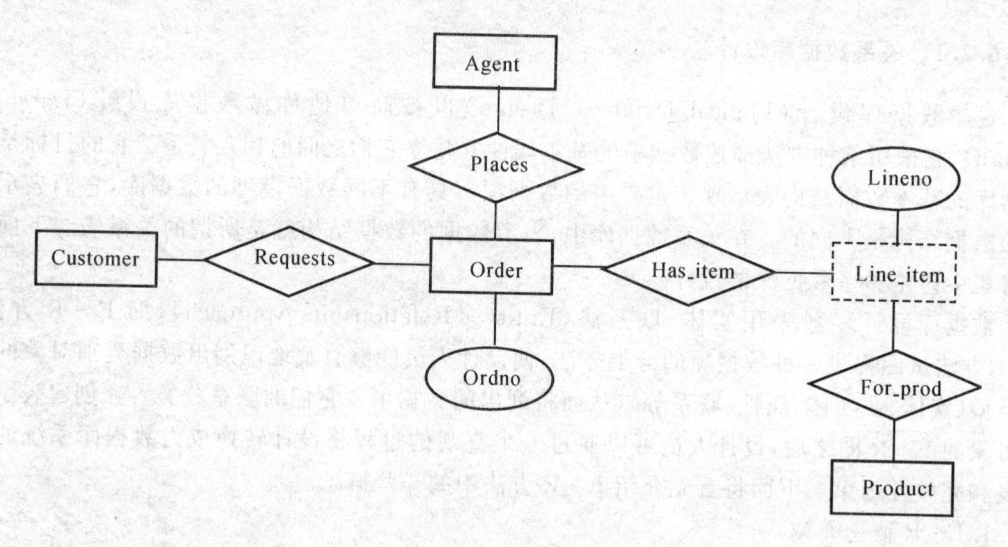

图 6.5　E－R 图示例

(2) 实体和属性到关系的转换：

E－R 设计的最终目的是从 E－R 图转换到一组数据库中关系表的定义，这要通过一组转换规则实现。

转换规则 1：E－R 图中每一个实例映射到关系数据库中的一个表，并用实体名来命名这个表。表的列代表了连接到实体的所有单值属性。实体的标识符映射为该表的候选键，实体的主标识符映射为表的主键，实体的实例映射为表中的行。

转换规则 2：给定一个实体 E，主标识是 p。一个多值属性 a 在 E－R 图中连接到 E，那么 a 映射成自身的一个表。该表的主键属性是 p 和 a 中列的集合。

上述实体所对应的关系表参见 2.6 节。

(3) 用 E－R 方法设计数据库的基本步骤：

1) 确定实体类型；

2) 确定联系类型；

3）画出E-R图；

4）确定属性；

5）从E-R图导出数据库逻辑结构。

2. 数据库设计

使用数据库技术来进行数据管理，首先要考虑如何组织数据，数据如何按照规定的结构装入数据库。这就要根据实际应用要求进行数据库设计。

数据库设计分成两大部分：一部分是数据库逻辑设计，另一部分是数据库物理设计。所谓数据库逻辑设计，就是根据用户的实际需求，设计数据库全局逻辑结构，以及描述每个用户的局部逻辑结构。数据库的物理设计是指在逻辑结构确定之后，设计数据库的存储结构。

为了使用数据库技术进行管理工作，在数据库建立的初始阶段就要进行数据库设计。数据库设计所涉及的问题相当多，各种不同的数据库设计方法在设计步骤上也不完全相同。通过对现有的一些方法进行分析、比较与综合，数据库设计过程大致可划分为4个阶段。

（1）需求分析。

需求分析就是对所有可能的数据库用户的数据需求进行了解、收集和分析。对用户需求的了解与分析是整个数据库设计的依据和基础，因此这个阶段的工作是否准确地反映用户的实际需求，将直接影响到以后各阶段的工作，并且影响设计结果的合理性和实用性。

设计者在对用户的需求进行分析的过程中，要收集与分析用户在数据管理中有关的信息需求、处理需求和限制条件。

信息需求是指在管理中所涉及的数据及其数据与数据之间的联系。在收集中，要求收集数据的名称、数据的类型、对数据的约束、联系的类型（是1∶1，1∶N还是M∶N）等等。

处理需求是指用户对数据的处理所提出的一些要求。它主要包括：数据处理的流程；处理方式是实时的还是批处理方式的；用户的各种不同应用；各种应用之间有无依赖关系，优先级别有无规定；各种处理的数据的存取量约是多少；处理的时间要求如何；等等。

在需求分析阶段，应画出数据处理的流程图。

（2）视图定义。

视图定义也称为数据库概念设计，就是要在所确定的系统范围内确定系统的实体、属性、联系，并且用易于理解的形式表现出来，它是客观世界的一个信息抽象模型。因此它必须满足下列要求：

1）能真实反映客观世界，是客观世界的一个真实模型。

2）易于理解，使用直观的图解模型，便于和用户交换意见。

3）高度抽象，表示方法应当和具体的数据表示及实现要求相分离，具有高度的独立性和稳定性。

在需求分析完成后就要进行视图定义。视图定义包括两部分工作：首先进行局部视图定义，然后将局部视图合并构造成一个全局视图。局部视图定义的目的是描述每个数据库用户的局部数据结构。局部视图定义后，数据库设计者对它们进行分析比较，采用某种方法将它们合并成一个统一的全局结构即全局视图。全局视图必须能够支持每个局部试图。局部视图与全局视图都独立于特定的数据库管理系统。

在视图定义阶段，需要有一种工具或方法对视图进行定义或描述。应用较广泛的是E-R设计方法和面向对象的分析与设计方法。

(3) 概念模式与子模式设计。

概念模式与子模式设计,或称为数据库逻辑设计,是将视图定义阶段所产生的独立于数据库管理系统的全局视图和局部视图分别转换成特定数据库管理系统所能处理的概念模式和子模式。概念模式和子模式是依赖于具体数据库管理系统的数据库逻辑结构。

在数据库的概念模式与子模式设计中,必须保证数据的正确性和完整性约束,有时为了加快数据处理速度,增加一些数据冗余,但必须保证其一致性,对所有用户应实施存取控制约束,以保证数据的安全性。

对关系数据库设计而言,就是根据关系规范化理论,对设计获得的 E-R 图进行转化,得到关系表。所谓的关系规范化是指一个数据结构中没有重复出现的数据组项。关于规范关系目前为止已提出了 5 种范式,通常以第三种范式作为存储结构,可以减少冗余,提高效率。把一个非规范化的数据结构转换成第三范式的数据结构,一般要经过如下步骤:

1) 把非规范化关系的数据结构分解成若干个二维表形式的数据结构,分解后的二维表必定属于第一范式。

2) 对于那些属于第一范式而不属于第二范式的数据结构,必然存在着组合关键字,且非关键字数据元素部分函数依赖该关键字,对此还要继续分解,使其非关键数据元素都要完全依赖关键字,这时得到的数据结构必定属于第二范式。

3) 如果某个数据结构属于第二范式而不属于第三范式,即如果非关键字数据元素传递函数依赖关键字,则必要时可在分解、转换成若干消除传递依赖关系的数据结构时得到属于第三范式的数据结构。

(4) 物理设计。

这一阶段的工作涉及数据库的存储结构的设计。物理设计就是在特定的数据库系统环境下,选择一种较优的存储结构来实现数据库数据的物理表示。

在数据库物理设计中要解决多方面的问题,例如:数据库选型;文件的组织方式和存取方法;索引项的选择,在一个文件中应该对哪些数据项建立索引,才有利于提高处理效率;数据的群集,哪些数据存放在一起有利于性能的提高;缓冲区的大小及其管理方式;文件在存储介质上的分配,哪些文件存储在哪些存储器上更为合理;数据库安全性,如用户权限控制,数据库备份;等等。总之,数据库的物理设计考虑的主要因素是提高系统的处理效率,减少系统的开销。

6.2.2　切削参数库设计

切削参数的选择是制定零件加工工艺的一个重要方面,选择得恰当与否,将直接影响到零件的加工质量、加工效率和加工成本等。在实际生产中,一般采用查表方法或者依据经验确定切削参数,但这种方法所确定的切削参数往往因人而异,实际效果相差很大。一般来讲,企业通过长期的生产实践活动往往会积累大量的经验数据,这些数据是企业的宝贵财富,应得到合理的应用。为了保存、共享和有效地使用这些数据,就必须建立切削参数库。另一方面,CAPP,CAM 技术的发展与应用也对切削参数库的建立提出了强烈需求。

下面以铣削参数库的建立为例,介绍切削参数库的设计步骤。

1. 需求分析

在需求分析阶段,必须对数据库的应用领域进行深入细致的调查与分析,收集用户对数据的需求、处理要求,从而为数据库的逻辑设计提供基础和依据。

（1）数据需求：影响铣削参数的因素如下：

1）加工方法：如粗铣、精铣等；

2）加工特征：如平面、槽、轮廓等；

3）工件材料：包括材料牌号、材料类别、材料硬度、材料强度、状态等；

4）刀具：刀具类型、刀具材料、刀具几何参数等；

5）机床：机床名称、机床型号、机床规格、机床功率、加工精度、主轴转速分级、主轴转速范围、进给速度范围等；

6）冷却液与冷却方式：冷却液牌号、冷却液名称、冷却液成分，液状冷却、雾状冷却等。

（2）功能需求：切削参数库系统应具备图6.6所示功能。

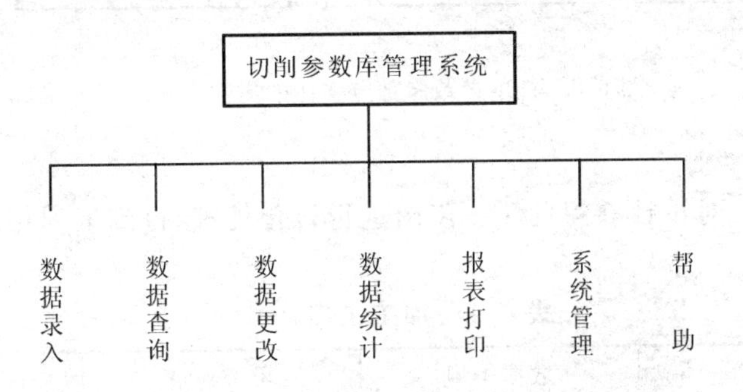

图6.6　切削参数库系统的功能组成

1）数据查询：支持多种查询方式，如条件查询、模糊查询等；

2）数据录入：用户能根据需要向数据库录入切削参数，录入时应能进行数据的正确校验。

3）数据更新：包括数据的修改、删除等；

4）数据统计：具有对数据库中的数据进行统计和分析功能；

5）系统管理：如数据备份、用户管理、用户权限控制等。

6）报表打印：提供满足管理需要的各种报表打印功能。

2. 数据库概念设计

根据需求分析的结果，我们可将切削参数库包含的实体概括为加工工序、工件、刀具、机床、切削液、切削用量和单位切削功率，其E－R图如图6.7所示。然后列出每个实体所具有的属性，图6.8给出了部分实体的属性。

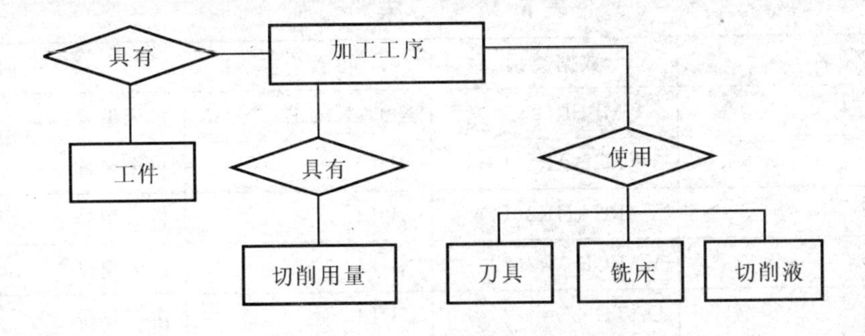

图6.7　铣削参数库E－R图

加工工序：	刀具：	铣削用量：
工序号	刀具编号	铣削类型
工序名称	铣削类型	工件材料牌号
加工方法	前角	工件材料硬度下限
零件号	后角	工件状态
机床编号	螺旋角	刀具材料牌号
材料的中国牌号	径向前角	刀具材料类型
冷却液牌号	径向后角	铣削宽度
刀具编号	主偏角	铣削深度
冷却液牌号	过渡刃偏角	铣削转速
工件热处理状态	副偏角	进给速度
	刀齿斜角	
	刀尖圆弧半径	

图 6.8　铣削参数库部分实体的属性

3. 数据库逻辑结构设计

按照第三范式要求，对设计获得的 E－R 图进行转化处理，得到下列相应的关系表(表 6.1～表 6.6)。

表 6.1　加工工序

列　　名	数据类型	可否为空	说　　明
PART_NUMBER	VARCHAR2(30)	NO NULL	零件号
OPER_NUMBER	NUMBER(3)	NO NULL	工序号
OPER_NAME	VARCHAR2(20)	NO NULL	工序名称
PROCESS_FORM	VARCHAR2(20)	NULL	加工方法
MACH_NUMBER	NUMBER(2)	NO NULL	机床编号
MATERIAL_MODEL_CN	VARCAHR2(20)	NO NULL	材料的中国牌号
TOOL_NUMBER	VARCHAR2(20)	NO NULL	刀具编号
COOLANT_MODEL	VARCHAR2(20)	NULL	冷却液牌号
WORK_STATE	VARCHAR2(10)	NULL	工件热处理状态

表 6.2　机　床

列　　名	数据类型	可否为空	说　　明
MACH_NUMBER	NUMBER(2)	NOT NULL	机床编号
MACH_NAME	VARCHAR2(12)	NULL	机床名称
MACH_MODEL	VARCAHR2(14)	NULL	机床型号
MACH_SPEC	VARCHAR2(22)	NULL	机床规格
MADE_DATE	DATE	NULL	出厂年份
MACH_POWER	VARCHAR2(8)	NULL	机床功率

续　表

列　　名	数据类型	可否为空	说　　明
SYSTEM_TYPE	VARCHAR2(5)	NULL	数控系统类型
SYSTEM_PLANT	VARCHAR2(12)	NULL	数控系统生产厂
SYSTEM_COUNTRY	VARCHAR2(8)	NULL	数控系统国别
MACH_PRECISION	VARCHAR2(12)	NULL	加工精度
MACH_PLANT	VARCHAR2(16)	NULL	机床生产厂
ADAPTABILITY	VARCHAR2(20)	NULL	机床适应性
P_AXIS_NUMBER	NUMBER(1)	NULL	主轴头数
P_AXIS_HOLE_SPEC	VARCHAR2(6)	NULL	主轴孔规格
P_AXIS_END_DIAM	NUMBER(6,2)	NULL	主轴端直径
P_AXIS_SPEED_GRADE	NUMBER(1)	NULL	主轴转速分级
P_AXIS_INTERVAL	VARCHAR2(8)	NULL	主轴间距
P_AXIS_SPEED	VARCHAR2(12)	NULL	主轴转速
WORKAREA	VARCHAR2(12)	NULL	工作面积
T_JJC	VARCHAR2(8)	NULL	T形夹紧槽
DX_T_XC	VARCHAR2(8)	NULL	导向T形槽
SLOT_INTERVAL	VARCHAR2(6)	NULL	槽距
XCH	NUMBER(15)	NULL	行程
P_AXIS_WB_DIST	NUMBER(7)	NULL	主轴端至工作台距离
JG_X	NUMBER(5)	NULL	X向进给范围
JG_Y	NUMBER(5)	NULL	Y向进给范围
JG_Z	NUMBER(5)	NULL	Z向进给范围
SWAY_AXIS_RANGE	VARCHAR2(7)	NULL	摆轴范围
JG_RATE	NUMBER(6)	NULL	进给速度
DKRL	NUMBER(3)	NULL	刀库容量
HOWSELECT_TOOL	VARCHAR2(3)	NULL	选刀方法
TOOL_WEIGHT	NUMBER(2)	NULL	刀具重量
TOOL_LENGTH	NUMBER(3)	NULL	刀具长度
TOOL_DIAM_FULL	NUMBER(3)	NULL	刀夹直径
AUTO_EXCH_TIME	NUMBER(2)	NULL	自动换刀时间

表 6.3　工件材料

列　名	数据类型	可否为空	说　明
MATERIAL_MODEL_CN	VARCAHR2(20)	NO NULL	材料的中国牌号
MATERIAL_MODEL_US	VARCHAR2(20)	NULL	材料的美国牌号
MATERIAL_TYPE	VARCHAR2(20)	NULL	材料类型
MATERIAL_GRADE	VARCHAR2(10)	NULL	材料等级
MATERIAL_RIGIDITY_MIN	VARCHAR2(10)	NULL	材料硬度下限
MATERIAL_RIGIDITY_MAX	VARCHAR2(10)	NULL	材料硬度上限
MATERIAL_INTENSITY	VARCHAR2(10)	NULL	材料强度
HEATTREATMENT	VARCHAR2(20)	NULL	热处理状态
MADE_PLANT	VARCHAR2(30)	NULL	供应商
DESCRIBE	VARCHAR2(50)	NULL	备注

表 6.4　冷却液

属　性	数据类型	可否为空	说　明
COOLANT_MODEL	VARCHAR2(20)	NO NULL	冷却液牌号
COOLANT_NAME	VARCHAR2(20)	NULL	名称
COOLANT_PLANT	VARCHAR2(30)	NULL	生产商
COOLANT_INGREDIENT	VARCHAR2(30)	NULL	成分
DESCRIBE	VARCHAR2(50)	NULL	备注

表 6.5　刀具几何参数

列　名	数据类型	可否为空	说　明
TOOL_NUMBER	VARCHAR2(20)	NO NULL	刀具编号
MILLING_TYPE	VARCHAR2(20)	NO NULL	铣削类型
FRONT_ANGLE	NUMBER(4)	NULL	前角
BACK_ANGLE	NUMBER(4)	NULL	后角
VICEBACK_ANGLE	NUMBER(4)	NULL	副偏角
SCREW_ANGLE	NUMBER(4)	NULL	螺旋角
RADIAL_F_ANGLE	NUMBER(4)	NULL	径向前角
RADIAL_B_ANGLE	NUMBER(4)	NULL	径向后角
MAIN_P_ANGLE	NUMBER(4)	NULL	主偏角
TRASITION_ANGLE	NUMBER(4)	NULL	过渡刃偏角
VICE_P_ANGLE	NUMBER(4)	NULL	副偏角
TOOTH_BEVEL	NUMBER(4)	NULL	刀齿斜角
RADIAL	NUMBER(4)	NULL	刀尖圆弧半径

表 6.6 铣削用量

列 名	数据类型	可否为空	说 明
MILLING_TYPE	VARCHAR2(10)	NO NULL	铣削类型
MATERIAL_MODEL	VARCHAR2(10)	NO NULL	工件材料牌号
MATERIAL_RIGIDITY	VARCHAR2(6)	NO NULL	工件材料硬度下限
WORK_STATE	VARCHAR2(10)	NULL	工件状态
TOOL_MODEL	VARCHAR2(10)	NULL	刀具材料牌号
TOOL_MATERIAL_TYPE	VARCHAR2(10)	NO NULL	刀具材料类型
MILLING_WIDTH	NUMBER(6,2)	NULL	铣削宽度
MILLING_DEPTH	NUMBER(6,2)	NO NULL	铣削深度
MILLING_SPEED	NUMBER(6,2)	NULL	铣削转速
JG_RATE	NUMBER(6,2)	NULL	进给速度

6.3 计算机辅助工艺分工路线编制

6.3.1 工艺分工路线编制内容

工艺分工路线是指产品或零部件在生产过程中，由毛坯准备到成品包装入库的全部工艺过程的先后顺序。工艺分工路线的设计是设计工艺规程的前提、基础和关键，对保证产品质量，合理利用设备，促进生产管理和提高劳动生产率都有重要作用。工艺分工路线编制工作完成后，产生的工艺文件有工艺分工路线表(车间分工明细表或车间分工路线表，有的企业也称为工艺分工计划)和工艺过程卡片。通常对于工艺分工路线的编制由专职工艺分工路线工艺师和产品主管工艺师负责，属于产品的总体工艺设计的工作，对于工艺过程卡的设计由车间的工艺规程设计人员完成。这里对工艺分工路线的定义是指车间或相当于车间的分工明细表。

在制造企业中，工艺分工路线的表现形式是以专业车间名称或代号表示的路线顺序。例如：1－3－6－8 表示一个零部件的加工路线是按照 1 车间、3 车间、6 车间、8 车间的顺序完成加工过程。这种表示主要适应于大中型制造企业，其车间的划分是按照专业工艺进行设置的。也可能表示成“小金工－大金工－热处理－装配”这种以车间名称表示的形式。另外对中小型企业，在生产的组织上可能并没有实现按专业工艺划分车间，但是实际上可将其生产组织单元与车间同等对待，分工路线的表示形式与“小金工－大金工－热处理－装配 ”这种以车间名称表示的形式类似，只是各节点表示的是生产组织单元名称。

制造企业所有的生产车间的工作都以包含工艺分工路线信息的产品结构为依据，决定零部件或最终产品的制造方法以及领取的物料清单，确定需要购买的原材料和车间发放的种类及数量。成本核算部门利用产品结构中每个自制件或外购件的当前成本来确定产品的成本。为了明确零部件在生产过程中进入各车间的先后顺序，通常由总体工艺室的工艺人员负责编制产品的工艺分工路线，用于指导其他工艺室编制各车间的工艺文件，从而实现车间制造资源的宏观平衡，这是企业保证按质、按量均衡完成生产的一个最基本的环节。

如图 6.9 所示为某企业的工艺分工路线卡片格式。

产品制造车间分工表

名　称	Y7L－V0113－1000	编　号	FGLX12059	版次	2001/10/30/15:06
编制单位	工艺技术处	编写依据	2001/10/17/16:45		
发给单位	5 6 12 17 18 21 22 23 24 26 31 32 34 37 46				

序号	图　号	名　称	数量	分工路线	起止架次	备注
1	Y7L－XAC－1000	中翼	7	21－23－17	001—999	
2	. Y7L－1000－0	中翼前缘	6	21－24－26	001—999	
3	.. Y7－1000－00－3	中翼 1 号肋	5	21－02	001—999	
4	.. Y7－1000－00－9	中翼 2 号肋	8	21－24－26－07	001—999	
5	... UG－12	前缘	3	21－46－24－26	001—999	
6	.... UG－12－1	2	2	21－26	001—999	
7	... Y7－1000－10－3－4	后缘	9	4－26	001—999	
8	.. Y7－1000－013	中翼 3 号肋	9	23－17	001—999	

图 6.9　某企业工艺分工路线卡片格式

工艺分工路线的基础数据来自产品设计处的产品 BOM 表。工程技术人员根据零部件的结构、尺寸、材质和技术要求等因素，以及各车间的工艺装备能力，来确定产品的工艺分工路线。只有多年从事工艺编制工作，经验丰富，对企业制造资源非常了解的工艺专家才可能从事工艺分工路线编制的工作。尤其对于生产性质属于单件小批量生产的企业，每台新产品都必须有专用的工艺文件，工作量大，重复性劳动多，时间紧，而能够从事工艺分工路线编制工作的人员又少，这一切都对工程技术人员提出了更高的要求。工艺分工路线的数据量庞大，而且数据间关系错综复杂，手工编制在设计、定版、发放、浏览、查询各环节，尤其是更改工作，非常不方便。工艺分工路线数据是企业管理系统基础中的基础，也是 PDM 系统需要的重要工艺信息，要想提高企业整个生产管理系统的效率，必须实现计算机辅助工艺分工路线编制与管理。

工艺分工路线编制的一般步骤如下：

(1) 选择加工方法：根据工件的形状结构、材料性能、热处理种类以及被加工面的精度和粗糙度，综合考虑毛坯状况，生产类型和企业条件，选择合适的加工方法，确定主要承制车间。

(2) 划分加工阶段：为保证质量，合理利用设备和便于安排热处理工序，应根据零件精度要求等确定零件的加工阶段和其他参与加工车间。

(3) 对生产车间和工段进行规划：对参与零件加工的车间进行加工顺序的规划和安排。

(4) 关键件工艺分工路线编制方案的评价与优化。

6.3.2 计算机辅助工艺分工路线编制目标

计算机辅助工艺分工路线编制是在计算机系统的支持下，制定企业的自制零件和装配件在生产过程中的加工顺序，规定时间进度的要求，由各加工单位组织、协调完成生产任务，编制中也要考虑各单位的任务、资源平衡。

采用计算机辅助工艺分工路线编制系统，可方便地实现版本控制，高效、灵活地检索与查询，实现数据的安全性和完整性控制，并可实现工艺分工设计规范化、标准化，缩短工艺准备和设计时间，提高工艺设计与管理的水平与质量。计算机辅助工艺分工路线编制系统的目标是：

(1) 以产品零部件的工艺路线设计为对象，实现工艺分工路线编制的智能化。

(2) 通过对工艺分工路线数据的计算机和网络管理，建立与其他分系统相互集成的子系统，有效管理与集成工艺分工路线数据。向生产、采购、经营和质保等部门提供工艺分工路线的有效数据。

(3) 以计算机网络代替纸拷贝向有关部门发放工艺分工路线数据。

(4) 为并行工作和适时管理提供制造数据和环境的支持，使工艺分工路线设计周期缩短，发放及查询时间得到明显缩短，以适应用户对于产品批量定制、交货迅速的要求。

6.3.3 计算机辅助工艺分工路线编制系统

计算机辅助工艺分工路线编制系统是制造工艺信息系统中的一个重要的子系统，它的基本工作方式是以人为主的交互设计，同时也用各种方式辅助设计人员的工作。随着在应用中的不断充实，可逐步实现工艺分工路线编制的智能化。

计算机辅助工艺分工路线编制系统的基础数据是产品设计 BOM，基于产品设计 BOM 的工艺分工路线编制反映了产品的所有零部件的构成层次关系、数量关系及其工艺路线信息。

计算机辅助工艺分工路线编制系统的设计应满足以下几点要求。

1. 适用性

从工艺分工路线设计与管理实际需要出发，针对大量数据处理、大量人工文件查询等特点，系统要尽可能符合设计人员的设计习惯且操作简便，可有效解决问题，以达到系统的高效和适用性。

2. 跨平台性

除满足工艺部门设计更改需求之外，要考虑各个部门的浏览和查询的需求，因此，系统可采用 C/S 与 B/S 相结合的方式，部分功能采用基于 Web 技术。

3. 可靠性

系统运行应可靠稳定，易维护。系统设计结构兼顾实际设计过程的各种实际情况，确保系统连续可靠地运行。

4. 开放性

随着新技术的发展，系统应具有可扩展性和可裁剪性，易于更新系统功能。系统的设计应采用面向对象技术，实现程序结构模块化设计，从而使其具有良好的通用性、兼容性、可移植性。

5. 数据的兼容性

从系统方案设计开始就要考虑系统的更新问题，要保证系统的平稳过渡，系统的用户界面友好。工艺分工路线系统所包括的信息内容繁杂，信息应用部门地域分散，信息传输量大，需要在全企业范围内统筹管理，以确保信息畅通，并正常使用和维护。

6. 集成性

实现全企业范围的工艺分工路线信息集成，保证数据的正确性、一致性、惟一性、可靠性、安全性。随着企业内部局域网的不断发展和完善，实现设计、制造、管理等方面的网络化，提高生产效率，降低生产成本。

计算机辅助工艺分工路线编制系统主要功能如下：

(1) 工艺分工路线的编制：根据 BOM 表原始数据实现计算机辅助工艺分工路线的编制、定版、更改、重新定版，对更改单和换版后的分工路线应提供相应的更改标记，便于用户查阅。

(2) 工艺分工路线管理：包括对工艺分工路线编制的过程，包括信息更改进行管理，对数据的版次、有效性、集成等进行统一的组织与管理。实现产品工艺分工路线的目录管理和更改单的目录管理。

(3) 工艺分工路线发放：根据产品工艺分工路线明细信息和更改单的内容，自动确定发放单位，对相关单位发放工艺分工路线信息，以快速、准确、方便的网络模式逐步取代原先的纸张文件的发放和打印。

(4) 工艺分工路线查询：为企业各个相关部门提供网上浏览、查询功能。内容包括工艺分工路线内容、工艺分工路线目录、更改单目录和更改单内容。工艺分工路线数据的特点决定系统具有多用户的特性。

(5) 在制造工艺信息系统平台的支持下，计算机辅助工艺分工路线编制系统基于该平台的公共服务支持，包括 BOM 管理、用户权限管理、工作流管理等可实现工艺分工路线编制的综合智能设计。

基于制造工艺信息系统的计算机辅助工艺分工路线编制系统的功能结构如图 6.10 所示。

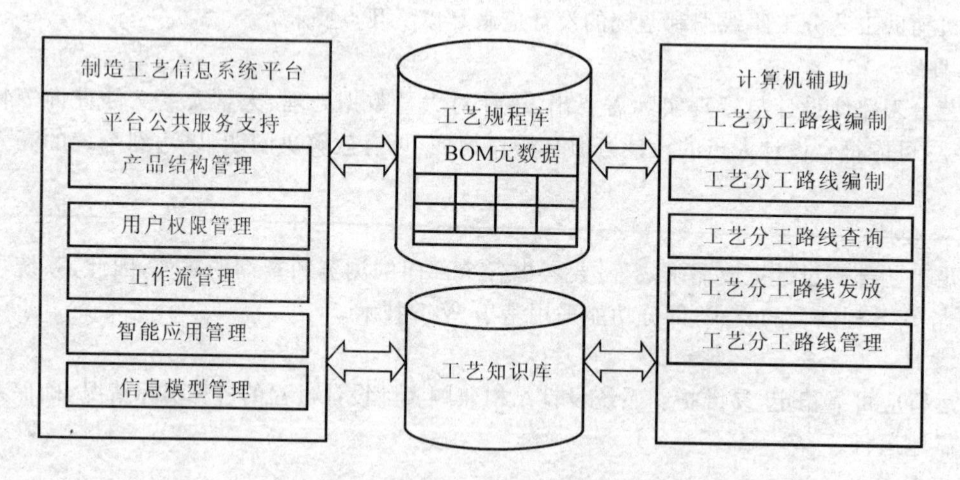

图 6.10　计算机辅助工艺分工路线编制

6.4 计算机辅助材料定额编制

6.4.1 材料定额编制概念

制造企业生产的主要过程就是对原材料或半成品进行加工形成成品零件，再把这些零组件组装起来形成产品的过程。其中材料的采购是生产的基础，是组织限额发料、分析考核物资利用的依据，材料的消耗占据生产成本的很大部分。材料定额编制就是在一定生产条件下，根据工艺规程中用到的材料信息和零件加工信息，如材料规格、材质、以及毛坯的下料尺寸，零件数量、每台件数和备件数量等信息，确定该产品或部件需要材料的种类与数量，最终确定生产单位产品或零件所需消耗材料的数量标准，将统计汇总结果提交给供应部门采购，它是编制企业物资计划的重要基础，是企业生产计划中的一个重要技术经济指标。材料消耗定额编制是生产技术准备活动的一个重要部分，通常是由企业的工艺部门负责完成。

1. 材料定额构成

实际生产对构成产品的主要材料和生产过程中所需的辅助材料应编制材料定额，材料定额(W)在产品制造过程中主要包括3部分，即

$$W = W_{有效} + W_{工艺} + W_{非工艺}$$

(1) 材料的有效消耗($W_{有效}$)：构成产品或零部件净重所消耗的材料。

(2) 材料的工艺性消耗($W_{工艺}$)：产品或零部件在制造过程中，由于工艺需要而消耗的材料，如铸件的浇、冒口；锻件的烧损量；棒料的锯口、切口等。

(3) 材料的非工艺性消耗($W_{非工艺}$)：指废品损耗、运输供应和保管不当以及其他非工艺性原因而造成的的材料消耗。

2. 材料定额编制依据

材料定额编制的依据为：

(1) 具有净重的单位产品的整套零、部件图以及零件明细表等。

(2) 完整的铸造、锻造、焊接、热处理、机械加工等有关的工艺规程和毛坯图。

(3) 材料标准、价格目录以及各类加工余量标准、下料公差标准等技术文件资料。

3. 材料定额编制原则

评价材料定额优劣的重要指标为材料利用率K($K = W_{有效}/W$)，先进的定额其材料利用率就高。材料定额编制的主要原则如下：

(1) 先进可行：在企业生产过程中，企业必须实时清楚地了解需要何种类型的材料，以及各需要多少。在保证产品质量和工艺要求的前提下，最经济合理地使用材料，材料的利用率达到先进水平，而且要符合企业生产实际，保证切实可行，使企业有关部门经过努力能够达到或超过标准，以提高节约材料的积极性。

(2) 节约材料：如综合套裁、充分利用料头、料边、缩小加工和工艺余量。

(3) 考虑供应的可能：对于稀缺、贵重的材料，应认真研究考虑有无替代的可能。

4. 材料定额编制方法

材料定额编制的方法主要有以下3种。

(1) 技术计算法：以产品图样和工艺资料为依据，通过理论计算，确定最经济合理的材料消耗定额。该方法科学准确，但计算工作量大，且需要完整的技术资料，仅适合于机械加工件、锻件、铸件的材料消耗定额编制。

(2) 实际测定法：以产品的实体结构为依据，经过现场实际测得零件或毛坯总重量，然后通过分析，确定材料消耗定额。该方法切实可行，但受生产技术水平和测定人员水平的限制，不能消除一些不合理因素的影响。

(3) 经验统计法：以材料实际消耗统计材料为依据，用统计估算或再结合经验分析对比，确定材料消耗定额。该方法简单易行，但是定额质量易受统计资料和制定人员经验的影响，难以保证定额的先进。

在实际工作中，上述 3 种方法经常结合使用。一般的，主要材料定额以计算法为主，辅助材料定额采用经验统计法。实际测定法一般用于工艺方法相对固定的大批量生产中。

6.4.2　计算机辅助材料定额编制系统

在制造企业计算机应用的过程中，长期以来在不同的职能部门形成了各项应用的信息化孤岛，并且将一些逻辑上本属于同一领域的工作活动人为地分成相互独立的部分，计算机辅助材料定额编制系统就是一个典型的例子。由于计算机辅助材料定额编制系统在企业应用中通常独立于 CAPP 系统而运行，造成 CAPP 设计的数据不能直接为材料定额编制所利用，数据的重复输入使数据的一致性、正确性无法保证，尤其对于复杂产品，多品种、中小批量生产的制造企业，更是存在产品配置的多样性，工艺文件的多版次等问题。即使采用计算机进行辅助材料定额编制，但是由于数据的来源问题未得到解决，编制效率仍极其有限。因此计算机辅助材料定额编制系统应基于统一的制造工艺信息系统数据管理与过程管理平台设计开发。

材料的信息贯穿于工艺工作的始终，许多数据信息在编制工艺时已经确定了，为了减少工艺人员重复输入数据，保证数据的一致性，计算机辅助材料定额编制要在工艺部门 CAPP 系统完成工艺规程设计的数据支持下，直接共享工艺设计的结果，保证数据的充分集成，确定产品或组件所有零件的下料清单，并利用计算机辅助对这些材料信息进行处理，例如自动计算材料毛重、利用率以及成本核算等，或由计算机完成查表、类比和经验评估等工作，并统计汇总所用到的材料的所有信息。

计算机辅助材料定额编制要在统一的工作流程的控制下完成编制活动，集中于对已有数据的处理。计算机辅助材料定额编制可克服人工编制工作量大，速度慢，容易出错，定额标准制定缺乏科学依据，受编制人员本身的素质、水平和经验限制等问题，可充分发挥计算机辅助的能力，制定出高效、科学、合理的工艺定额。

计算机辅助材料定额编制系统的主要功能包括材料定额的编制、材料定额统计汇总、材料定额的查询、材料定额明细表的输出。系统具体功能如下：

1. 材料定额编制

材料定额编制要完成数据的录入、更改、增加、删除等基本操作，并按一定的数据特征和规则识别非法数据，具有纠错功能。在材料定额编制中，材料信息的获取和材料定额计算是系统实现的关键。

在材料定额编制中，应有 3 种方式来实现材料信息的获取：手工输入、从工艺规程数据中提取、从材料库中自动获取。综合运用上述的 3 种方法，可以获得编制材料定额时所需的所有信息，降低劳动量，提高数据的正确性和一致性。

(1) 手工输入是传统材料定额编制系统的信息输入方式，也是最基本、速度最慢的方式。

(2) 从 CAPP 系统的工艺规程中提取是一种最快速和最准确获取信息的方式。这种方法基于共享的产品结构和工艺数据，根据需要可以把零件工艺数据库中相应数据自动提取到材料定额的对应信息中。

(3) 从材料库中查询获取方法主要面对那些不能从工艺数据或工艺文档中获取的信息。在系统中要根据材料的类别事先建立各种材料类，并为各类定义完善的属性，输入企业用到的材料实例。在编制材料定额信息时，如果需要用到编制工艺时没有指出的信息，例如某种材质的密度，或某种型材的单位重量等信息，就可以根据材料牌号或材质在材料库中进行查找。

在材料定额编制中，许多地方需要进行计算，例如材料体积、毛重、利用率等的。材料定额的计算既可以手工计算，也可以采用计算公式自动计算。

在采用计算公式自动计算时，首先应该获得材料的基本信息、材料类型、下料尺寸、比重或单位重量等必要信息，然后对下料尺寸进行参数分解，最后使用计算公式完成计算。计算公式自动计算在计算机辅助材料消耗工艺定额系统的流程如图 6.11 所示。

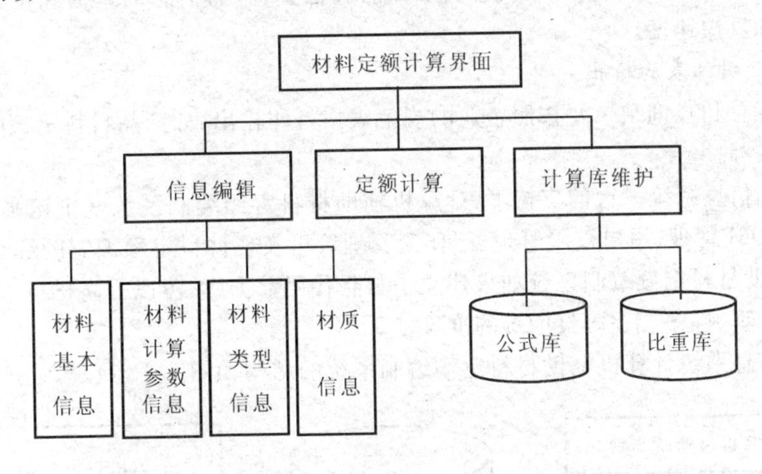

图 6.11　基于计算公式的材料定额计算

(1) 计算公式库的建立：不同的零件毛坯或下料尺寸，在计算体积时选用的公式就不一样。应根据企业所用到的材料情况，形成关于各种形状材料的计算方法，建立不同类型材料完整的计算公式库，以材料类型作为关键属性，与计算公式的属性相对应，确定计算公式。计算公式在系统中用参与计算的几个参数的属性名称与四则运算符号、三角公式符号、圆括弧、大括弧等组成。

(2) 材料比重库的建立：由于不同材质材料的比重不一样，不同的型材其单位重量不一样，因此必须建立完善的比重库，供系统自动计算时查询使用。

(3) 材料计算参数的分解：大多数计算参数都包含在下料尺寸中，而在编制零件工艺规程时，输入的下料尺寸往往是几个参数用带有一定含义的符号连接在一起，因此必须对下料尺寸字符串进行分解，获得材料的各个计算参数，这才能使用计算公式自动计算。

在材料定额计算的实现上，可采用面向对象方法和专家系统技术，为系统中材料定额对应的类定义方法，例如体积计算方法、毛重计算方法。再为各个方法定义各种规则，例如定义材料类型为板材时，计算公式用长×宽×高。各类方法定义完善后，可对整个产品或部件的材料定额进行计算。同时对于不太规范的零件的体积或毛重的计算，系统也支持手工计算，提供计算器等辅助工具。

2. 材料定额统计汇总

材料定额统计汇总内容如下：

(1) 按产品代号、产品名称统计汇总、输出材料信息；

(2) 按组件代号、组件名称、零件代号、零件名称统计汇总、输出材料信息；

(3) 按时间段或车间统计汇总、输出材料信息；

(4) 按材料名称、材料牌号、材料类别、材质进行统计汇总、输出材料信息；

3. 材料定额查询

计算机辅助材料定额编制系统可以选择任意的产品、部件进行查询，并且可以任意组合材料定额属性设置查询条件，列出材料定额的所有属性供选择，列出各种逻辑关系(例如：等于、不等于、包含、大于、小于、或者、并且)供选择。还可以把配置好的查询条件给予一定的名称存储起来，供以后重复使用。系统可实现材料定额的网上查询，为信息的查询和检索提供方便，提高信息传递和反馈速度。

4. 材料定额明细表的输出

对于统计汇总和查询结果要按照企业的规范表格打印输出，如产品材料定额明细表、零件材料定额明细表等。

在制造工艺信息系统平台的支持下，计算机辅助材料定额编制系统基于该平台的公共服务支持，包括 BOM 管理、用户权限管理、工作流管理等可实现材料定额编制的综合智能设计。另外，计算机辅助材料定额编制系统如果建立了材料代码数据库，可以提高材料信息的录入以及材料定额的计算、排序、汇总、打印等的准确性。

制造工艺信息系统计算机辅助材料定额编制系统的结构如图 6.12 所示。

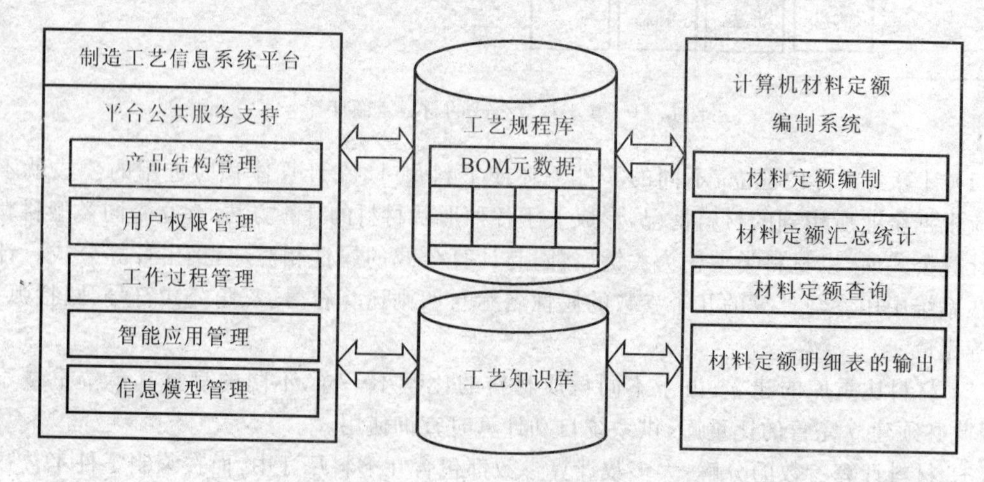

图 6.12　计算机辅助材料定额编制系统

6.5 计算机辅助工时定额制定

6.5.1 工时定额制定

制造企业的任何生产过程都需要花费一定的劳动，耗费一定的时间。单位时间内生产的合格品越多，即生产单位合格品所消耗的劳动时间越少，劳动生产率就越高。为了定量评价劳动生产率，对其评价指标做出标准规定，这种标准规定就称为劳动消耗工艺定额。它有两种形式，一种是工时定额(也称为时间定额)，是指完成一定量工作所规定的时间；另一种是产量定额，是指单位时间内完成规定的合格品产量。

工时定额是在一定的生产技术和生产组织条件下，在充分利用生产工具、合理组织劳动和运用先进经验的基础上，为生产一定量产品或完成一定量工作所规定的劳动时间。在制造企业中，工时定额不仅涉及产品的生产周期与生产成本，而且涉及车间的生产任务安排和工人工资的核算。工时定额的制定需要参考的资源和信息很多，例如与加工能力密切相关的车间设备情况、产品零件的合格率、精度要求、材料可加工性、工艺复杂程度等。因此，合理地制定工时定额，对于调动广大职工的生产积极性，完善企业计划、技术、劳动管理工作，全面提高劳动生产率具有重大作用。

在企业生产的工时定额中，有一部分是不必要的时间损失(如停工待料、寻找工具等)，称为非定额时间，另一部分是为完成工作所必需消耗的时间，称为定额时间。定额时间由工作时间 $T_{作业}$、工作服务时间 $T_{服务}$、休息与生理需要时间 $T_{休息}$、准备与终结时间 $T_{准终}$ 等组成，单件时间定额用计算公式可表示为

$$T_{单件}=T_{作业}+T_{服务}+T_{休息}+T_{准终}$$

其中，$T_{作业}$——直接用于制造产品或零部件所消耗的时间，是工时定额中最主要的部分，又可分为 $T_{基本}$(直接改变生产对象的形状、尺寸、相对位置、表面状态或材料性能所消耗的时间)和 $T_{辅助}$(为实现工艺过程所必须进行的各种辅助操作所消耗的时间，如装卸工件、退刀、进刀等)。

$T_{服务}$——照料工作地点及保持其正常工作状态所耗用的时间，如润滑机床、清理切屑、收拾工具等。

$T_{休息}$——工作人员为恢复休力和满足生理需要所规定的时间。

$T_{准终}$——在成批生产中，还要制定准备与结束时间，及工作人员为了生产一批产品或零部件进行准备和结束工作所消耗的时间。

1. 工时定额制定的依据

在生产中对于能够计算和考核工作量的工种和岗位都应制定工时定额，工时定额制定的依据为：

(1) 产品图样、工艺规程和生产类型。

(2) 企业的生产技术水平。

(3) 工时定额制定标准及有关技术资料。

2. 工时定额制定的要求

工时定额制定的要求为：

(1) 先进合理：先进就是制定出的定额能反映先进的生产技术与组织以及操作方法和经验。合理就是要从企业的实际情况出发，考虑大多数工人的技术水平与客观条件，使定额水平建立在积极可行的基础上。

(2) 综合平衡，防止不合理差异。由于客观条件的差异，工时定额制定应力求在产品之间、车间之间、工种之间、工序之间进行平衡，防止高低悬殊，影响团结协作。

3. 工时定额制定的方法

工时定额制定的方法主要有经验估计法、统计分析法、类推比较法、技术测定法。

(1) 经验估计：根据产品图样、工艺规程或实物，结合具体生产条件，凭经验共同估计工时定额的方法。其优点是工作量小，简单，便于制定和修改，缺点是局限性大，准确性差，不易平衡，适用于单件生产。

(2) 统计分析：利用过去积累的大量记录和统计资料，经过分析整理并结合具体生产条件制定工时定额的方法。对于产品稳定，统计工作健全的中小批生产，可采用此法。

(3) 类推比较：以现有产品工时定额资料为依据，经过对比分析，推算另一产品、零件或工序的定额。其优点是迅速简便，缺点是受同类零件可比性的限制，不能普遍使用，适用于新产品的试制。

(4) 技术测定：根据生产技术条件和生产组织条件进行分析研究，在总结经验、挖掘生产潜力、拟订先进工作方法的基础上，通过实地观察和计算来制定定额的方法。其优点是有技术依据，比较准确，缺点是制定工作量大，适用于大批量生产。

6.5.2 计算机辅助工时定额制定内容

采用计算机辅助工时定额制定可以克服传统手工方法中定额准确性和平衡性差、劳动强度大、工作效率低等缺点，它不仅能提高企业定额管理的现代化水平，同时也是企业实现 CAD/CAPP/CAM 和 ERP 集成的重要环节之一。企业引入计算机辅助工时定额制定，可实现工时定额管理由经验管理方法转向先进科学的管理方法，提高现代企业的综合竞争能力。

计算机辅助工时定额制定根据原理的不同，可分为查表法、数学模型法和混合法。查表法要求事先将各种典型的、具体的生产组织技术条件下的工时定额数据存放在数据库中，CAPP 系统以工艺设计结果为依据，按预先设计的逻辑访问数据库，并进行必要的统计计算，以确定各工步或工序所需的工时；数学模型法不依赖于大量的原始数据，而是用以经验公式所创建的工时定额数学模型来直接计算工时定额；混合法是查表法和数学模型法的结合，它先通过查表法找出数据库中满足查询条件的基础切削数据，然后根据相应的工时定额数学模型进行计算，得到单工序或工步的工时。采用混合法制定工时定额，关键在于工时定额数学模型的建立。其一般步骤为：

(1) 确定典型的、具体的生产组织技术条件，如机床型号、加工方法、零件材料、加工批量、零件技术要求等数据，这是建立工时模型的前提依据。

(2) 按照上述已选定的典型条件搜索有关工时定额的资料，分析工时定额与主要影响因素（如切削深度、切削速度、加工余量、进给量、走刀次数等）之间的关系，总结出典型的计算公式，建立相应的数学模型。

(3) 根据生产实际中出现的各种技术组织条件以及一些基本规律之外的影响因素，分别制定出机床系数、材料系数、批量系数等。

计算机辅助工时定额制定以产品 BOM 为基础，工时定额信息一般分为产品、部件、零件、工序 4 个层次。在产品或部件的工时定额信息中，包含产品或部件中那些不属于零件的工时定额信息，例如：装配工时、油漆工时、包装工时等。而零件工时定额信息主要包含零件各种加工工序的工时信息，例如按加工类型分，有机加工时定额、钣金工时定额、热处理工时定额等，具体要根据企业拥有的工种情况而论。零件各个工种的工时定额信息一般按具体加工工艺路线顺序列出，除了工时信息外还可能包含其他诸如工作地、设备、工种、简要备注等信息。

(1) 产品工时信息：是指产品工时定额信息，包括产品代号、产品名称和产品批次等信息。在企业中，产品总装配工时制定时，可能给出每道装配工序的工时，也可能只给出装配总工时。对于油漆、包装也是如此。因此，在产品工时信息中还应包含总工时、装配工序工时、油漆工时、包装工时等属性。

(2) 部件工时信息：包括部件代号、部件名称、部件数量、单件工时、总工时等。同样，对于部件，也可能存在装配、油漆、包装等过程，因此也应包括装配工时、油漆工时、包装工时等属性。

(3) 零件工时信息：包括零件代号、零件名称、零件数量、单件工时、总工时等属性。此外，零件可能同时经过机加、钣金、焊接、热处理、表面处理、时效等诸多工艺类型中的一个或多个，为了记录单个零件在每种工艺类型中工时定额的总工时，需要包括机加工时、钣金工时、焊接工时、热处理工时、表面处理工时、时效处理工时等属性。

(4) 工序工时定额信息：工序工时定额信息是指某一道工序的工时信息，包括零件代号、工艺类型、工序号、工种、工作地、加工设备、备注等属性。

6.5.3　计算机辅助工时定额制定系统

计算机辅助工时定额制定系统基于数据库，用户只需要输入生产对象的工时数据、数学模型公式等一些基础数据，就可以进行该生产对象相关工时定额的计算和使用，系统包括的主要功能如下。

1. 数据模型建立

生产对象的工时定额主要受各种参数的影响，如对于立车切削，影响其工时定额的参数有设备型号、刀具材料、加工对象、加工方法和加工方式等。不同的生产对象有其不同的影响参数，如对于普通铣床切削，其工时影响参数有机床类型、刀具材料、加工深度和铣刀宽度等，这就不同于立车切削的工时影响参数，所以不同的生产对象有不同的数据结构。

在数据库设计的基本思路是先进行各生产对象的分类编码，确定各类的数据结构，然后提取各类的共性，最后确定和设计数据表。通过对各种加工工时形式的总结，一种是直接能够给出最后时间数据的，如各种辅助时间（上活、找正、卸活）、准终时间（准备、结束），另一种是只能给出一些决定最后工时定额的切削参数，如各种切削标准，给出的是切削速度、切削深度、走刀次数等。我们将其他查询的与工时计算无关的属性（如宽度、长度等）以通用参数的形式表示，用来表示不同生产对象。

2. 工时定额制定

以产品结构树为基础，提供工时定额的录入与编辑功能。在编制某个产品或部件的工时定额时，首先从产品结构树中导入该产品或部件信息及零件信息，然后执行工艺文档管理程序，打开产品、组件或零件对应的工艺文档，这时就可以参照工艺文档填写工时定额。对于产品或部件，要增加相应的装配、油漆、包装工艺的工时定额。工时定额制定通过输入的工时定额编号去访问基础数据库和计算公式文件，查询出满足条件的基础数据，并结合具体工时计算公式计算出选定工序对应的工时。

如果在工艺规程中制定了工时信息，那么在提取产品或部件的工时定额信息时，只是从相应的装配工艺、油漆工艺、包装工艺等工艺规程中每道工序的工时进行累加放到相应的装配工时、油漆工时、包装工时中；而提取零件的工时定额信息时，首先会根据各类工艺的具体工艺规程顺序，即工艺路线，建立对应每道工序的工时定额信息记录。再对各类工艺的每条工时信息进行累加，填写到对工艺类型的单件总工时中。如果在工艺规程中没有制定工时信息，所有的工时信息用手工方法填写。工艺信息的自动提取，大大地减轻了工时定额员的劳动量，保证了数据的一致性。

3. 工时定额管理

工时数据管理为用户提供一些基于数据表的数据查询、数据插入、数据删除、数据修改等功能，实现对基础数据库的维护，包括具体数据表、参数对应含义表、批量系数表、材料系数表和计算公式文件的维护。由于工时定额基础数据是整个企业制定工时定额的标准，并不是所有的使用者都有权对数据进行修改，有些只是一个数据访问作用，因此需要对用户进行分级。高级用户可以进行所有操作，如数据修改、删除，通常对应于企业的工时标准制定员；而普通用户只能进行数据的查询操作，通常对应于企业的工时定额员。

4. 工时定额查询统计

工时定额的统计主要包括产品或部件的所有零件的零件总工时、各类工艺总工时、工种总工时。除此之外，系统还具有任意产品、部件、零件的任意工艺类型的工时查询；任意零件任意工种的工时定额信息查询；具有某一工种的零件的工时定额信息查询等功能。

5. 报表生成打印

对于工时系统来说，主要的报表是工序工时表和工时汇总表。工序工时表也就是生产工票，直接用于零部件的加工和对工人工作的安排，其生成一般以装配或部套为单位，即生成选定装配或部套下所有零部件的工序工时表；工时汇总表是零部件生产加工工时和人工工时的一种分类汇总，是成本核算的一个重要依据，其生成一般以部套或产品为单位。

在制造工艺信息系统平台的支持下，计算机辅助工时定额制定系统基于该平台的公共服务支持，包括 BOM 管理、用户权限管理、工作流管理等。制造工艺信息系统计算机辅助工时定额制定系统的结构如图 6.13 所示。

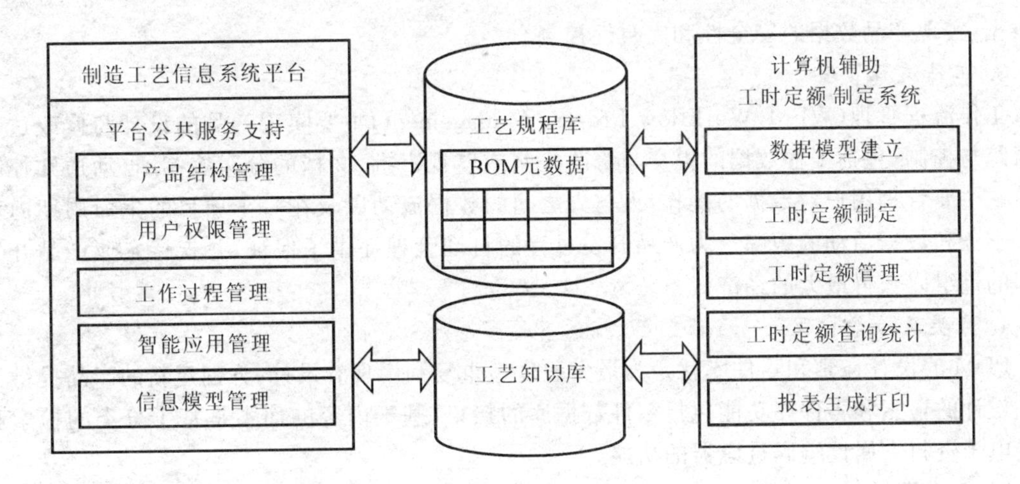

图 6.13　计算机辅助工时定额制定系统

6.6　基于PDM的制造工艺信息系统

6.6.1　PDM技术

产品数据管理(PDM,Product Data Management)是帮助管理人员、工程师以及其他人员管理产品与开发过程的一种软件系统。它帮助管理人员及工程人员追踪在设计、制造、销售,以及售后服务与维修过程中所需求的大量信息。

PDM系统覆盖产品生命周期内的全部信息,为企业提供了一种宏观管理和控制所有与产品相关的信息的机制。与产品相关的信息包括任何属于产品的信息,如CAD/CAM文件、材料清单(BOM)、产品配置、技术文件、产品定单、电子表格和供应商清单等等。PDM系统能够实现分布环境中的产品数据共享,为异构计算机环境提供一种集成应用平台,从而能够较好地实现新一代的计算机集成应用系统,PDM有以下基本功能。

1. 电子资料室及文档管理(Data Vault and Document Management)

电子资料室是PDM的核心,一般建立在关系数据库基础上,保证数据的安全性和完整性,并支持各种查询与检索功能。通过在数据库之上的相关联的文本型记录,用户可以利用电子资料室来管理存储于异构介质上的产品电子数据文档,如建立复杂数据模型、修改与访问文档、建立不同类型的或异构的工程数据(包括图纸、数据序列、字处理程序所产生的文档等)之间的联系,实现文档的层次与联系控制、封装管理应用系统(如CAD,CAPP,字处理软件、图像管理与编辑等),方便地实现以产品数据为核心的信息共享。

2. 产品配置管理

产品配置管理(PCM,Product Configuration Management)以电子资料室为底层支持,以材料清单(BOM)为其组织核心,把定义最终产品的所有工程数据和文档联系起来,对产品对象及其相互之间的联系进行维护和管理,产品对象之间的联系不仅包括产品、部件、组件、零件之间的多对多的装配关系,而且包括其他的相关数据,如制造数据、成本数据、维护数据等。产品配置管理能够建立完善的BOM表,并实现其版本控制,高效、灵活地检索与查询最新的产品数据，实现产品数据的安全性和完整性控制。

3. 工作流程管理

工作流程管理(WPM，Workflow Process Management)主要实现产品的设计与修改过程的跟踪与控制，包括工程数据的提交与修改控制或监视审批、文档的分布控制、自动通知控制等。它主要管理用户对数据的操作，人与人之间的数据流动以及在一个项目的生命周期内对所有事务和数据活动的跟踪。为产品开发过程的自动管理提供了保证，并支持企业产品开发过程的重组以获得最大的经济效益。

4. 分类及检索管理

PDM 的设计检索和零件库就是为最大程度地重复利用现有设计，为创建新的产品提供支持。设计的检索和零件库功能包括零件数据库的接口、基于内容的而不是基于分类的检索和构造电子资料室属性编码过滤器的功能。

5. 项目管理

项目管理功能能够为管理者提供项目和活动的状态信息，通过 PDM 与流行的项目管理软件包接口，可以获得资源的规划和重要路径报告能力。

6.6.2 基于 PDM 的制造工艺信息系统

PDM 作为制造企业技术信息系统集成平台，完整地描述了产品整个生命周期的数据和模型，它是沟通产品设计工艺部门和管理信息系统及制造资源系统之间信息传递的桥梁，能实现从设计到制造的产品结构信息管理过程(工作流)及更改管理、以及版本、文档管理等功能。

以 PDM 为平台的制造工艺信息系统可以有效利用 PDM 系统提供的文档管理、流程控制等技术和功能，将系统功能集中于工艺设计与管理本身的工作，还可以方便地实现与企业内其他各种应用系统的信息集成与共享。基于 PDM 的制造工艺信息系统运行时由 PDM 启动相应的工艺编制系统及信息管理工具来处理相关的文件和数据

基于 PDM 的制造工艺信息系统系统结构如图 6.14 所示。

在建立基于 PDM 的制造工艺信息系统时，应重点注意以下几点：

(1) 由于工艺设计过程的多层次、多阶段以及并行性、反馈性等特性，因此对整个工艺系统的需求分析非常关键，要对企业的工作流程、信息流程、管理模式进行详尽的分析，充分了解需求，并且要考虑功能在制造工艺信息系统和 PDM 系统之间合理的分布。

(2) 根据对企业需求分析，应将企业中与计算机应用、计算机管理不相适应的模式、流程进行改造，并将各类管理、数据规范化、标准化，为计算机的应用打下良好的基础。因手工管理和计算机管理的差异，这一步工作也非常重要，如果硬要将手工的模式套在计算机上，将导致既不能很好的适应用户的需求也不能充分发挥计算机优势的局面。

(3) 在制定系统的目标和系统的开发过程中，由于工艺设计和管理的复杂性，应抓住企业的核心重点问题进行开发，不要追求大而全，否则有可能开发人员花费很大精力开发的功能得不到的用户的认可。

(4) 确定与 PDM 系统集成的目标和形式，包括信息的集成和功能的集成。在进行系统的设计过程中，应充分与其他系统协调，分析需要提供给其他系统共享的信息和提出自己需要的信息。

(5) 根据目前企业的具体情况以及计算机应用水平或根据企业产品的变动以及管理模式

的改变造成对系统的影响，系统的开发应充分利用面向对象的技术，建立开放的体系结构，便于系统维护，并且充分考虑各种变化情况，如人员流动等，使系统可以依据需要定制一些功能。

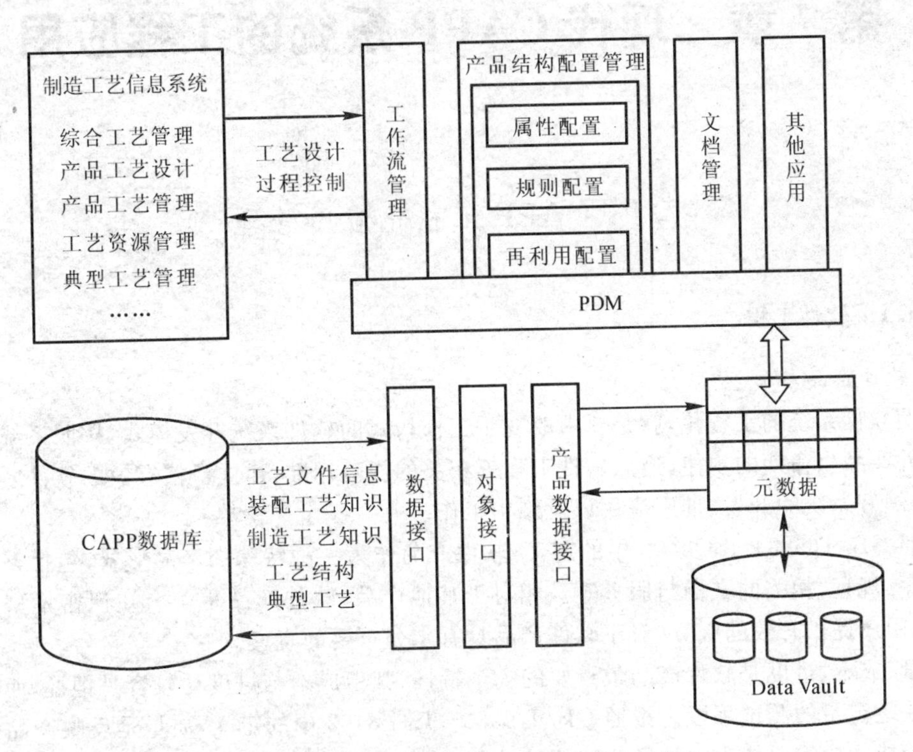

图 6.14　基于 PDM 的制造工艺信息系统

第7章 现代CAPP系统的工程应用

7.1 CAPP工程化应用管理

7.1.1 软件工程

1. 软件产品与质量

所谓软件系统的工程化，就是要求改变手工作坊式的软件系统开发模式，按照系统工程特点和软件产品生命期的规律，遵照软件工程等相关的规范标准，建立严格有效的软件质量保证体系，组织好系统的开发、推广应用以及维护工作。

按照GB/T6583－ISO8402中的定义，软件产品作为一种特殊的产品形式，包括整套的计算机程序、规程，相关的文档与服务等。相对于其他产品，软件产品是一个知识密集型过程的结果，向用户提供有效的服务，对于软件产品具有十分重要的意义。

质量、成本、进度是软件产品最重要的3个特性，其中成本与进度比较容易把握，而对软件质量则缺乏定量的测试手段。按照GB/T 6583－ISO 8402中的定义，质量是反映产品或服务满足明确或隐含需要能力的特征和特性的总和，其需要可以包括合用性、安全性、可用性、可靠性、维修性、经济性和环境等方面。在许多情况下，这种需要会随时间而改变。

在软件质量范畴内，系统的可靠性是度量软件质量的重要特性，它关心的是存在于软件产品中的缺陷以及软件本身的功能如何才能最大限度满足用户的需求。计算机技术的飞速发展使得软件生存周期日益缩短，一个软件开发者如果希望同时提供开发周期短且成本低的高质量软件产品，几乎是不可能的。因此，在实际软件产品的生产过程中，当需要对软件产品的相关特性进行权衡取舍时，可靠性是首先必须加以考虑的因素。

2. 软件工程

软件工程是指导计算机软件开发和维护的工程学科。采用工程的概念、原理、技术和方法来开发与维护软件，把经过时间考验而证明正确的管理技术和当前能够得到的最好的技术方法结合起来，这就是软件工程。

软件开发过程通常包括初步设计、详细设计、编码、测试、维护等阶段。初步设计确定系统要实现的功能并建立软件的模块结构。详细设计则完成所有的过程细节，为下一步的编码打下基础。在软件的初步设计阶段，人们开发出各种行之有效的技术和方法，如自顶向下、逐步求精、结构化设计方法等。

编码阶段是一个将详细设计转换为程序设计语言的过程。编程风格是源代码的一个重要特征，简明性和清晰性是关键。

软件测试是软件质量保证的关键一步，对保证软件可靠性具有重要意义。开发软件系统涉及一系列的活动，人们在每一步中都可能犯错误，因此，如何保证软件的质量是一个十分紧迫而重要的任务。软件测试的目标可分为3个方面：首要目标是预防错误的发生；其次，是通过系统的方法发现系统中的错误；最后，是提供良好的错误诊断信息，以便更容易改正错误。软件测试可在单元测试、整体测试、系统测试等不同层次上进行。由测试所提供的有关软件系统的故障数据，可构成软件可靠性分析的基础。

软件维护阶段的关键任务是通过各种必要的维护活动使系统持久地满足用户的需要。

按照软件工程观点，软件产品开发不是某种个体劳动的神秘技巧，而应该是一种组织良好、管理严密、各类人员协同配合、共同完成的工程项目。经过20多年的发展，软件工程有了很大的发展，已形成系统化的软件工程化管理方法。软件工程的发展经验也已证明，软件工程化是保证软件质量的基本途径。

7.1.2 CAPP工程化

1. 现代CAPP软件系统的工程化

现代制造企业必须尽快采用最现代化的信息技术，才能在动态多变的市场环境中保持较高的竞争水平。而合理地采用和实施现代CAPP系统，其重要性和复杂性还没有被大多数企业所认识。要改变这种现状，应针对企业建立一套完整的现代CAPP工程化应用管理体系，即要从现代CAPP的实施方法论、现代CAPP实施质量保证、企业现代CAPP应用管理等方面对现代CAPP软件系统的工程化进行多方面研究，建立现代CAPP实施质量保证体系，实现面向产品的现代CAPP工程化、产品化与产业化，这是促进现代CAPP在企业广泛、有效应用的根本途径，也是提高企业市场竞争力的有力措施。

现代CAPP软件的开发、实施、应用过程是一个知识高度密集型的过程，它不仅仅涉及有关软件工程、程序设计方法、程序设计语言、系统工作平台等方面的知识，更重要的是与制造工艺领域本身紧密相关。现代CAPP技术的应用背景复杂多变，主要体现在以下几个方面：

(1) 不同企业、不同制造环境、不同产品类型、不同生产管理模式的产品工艺信息模型及其外部表现形式、工艺设计知识就会有一定的区别；

(2) 同一企业、同一制造环境，随着工艺水平的提高和生产管理模式的改变，产品工艺信息模型及其外部表现形式、工艺设计知识有可能发生变化；

(3) 随着CAPP集成化的要求及应用水平的提高，对现代CAPP的功能会提出更高的要求；

(4) 随着CAPP工作平台的改变，现代CAPP的应用需求也会发生变化。

2. 现代CAPP实施方法

现代CAPP软件开发包括CAPP应用支撑软件开发、基于CAPP应用支撑软件的企业CAPP应用系统开发(即CAPP应用实施)两部分内容。CAPP应用支撑软件开发是一个标准的软件开发过程，开发者应严格按照软件工程进行，为系统的工程化应用提供基础平台。在基于CAPP应用支撑软件开发的企业CAPP应用系统开发中，必须建立现代CAPP系统化的实施体系，建立现代CAPP工程化实施方法与质量保证体系。这需要做许多基础性的工作，并要对当前的工艺技术状况进行客观和精确的分析。

(1) 现代CAPP实施特点分析与基本前提。

1) 现代CAPP实施特点。现代CAPP应用的目的是全面实现企业产品工艺设计和管理的计算机化和信息化，从技术发展及应用实施角度来看，现代CAPP的实施有如下特点：

· 企业实施 CAPP 不同于使用 CAD/CAM。企业可以在购买 CAD/CAM 系统后，对工程技术人员进行培训即可以使用该项技术；而 CAPP 商品化系统仅能为企业提供产品工艺数据定义、组织、管理的基本框架以及 CAPP 知识库管理等应用支持工具与开发工具，企业只有将本企业实际的工艺信息模型等建立在该框架之上，并结合企业实际情况，开发出具有丰富内容的企业专用知识库等，才能有效发挥 CAPP 的作用。

· 现代 CAPP 应用涉及企业的不同工艺部门（如综合、机械加工、装配、钣金冲压、焊接等所有工艺部门）及多层次（如企业管理层、车间层、单元层）、不同生产阶段（如试制阶段、批生产阶段）对计算机辅助工艺设计的需要。因而建立可快速形成 CAPP 应用并可在广泛应用基础上不断进行扩充完善的快速、渐进 CAPP 应用实施服务体系，是满足企业对 CAPP 的广泛应用和对产品工艺信息共享需求的重要保证。

· 现代 CAPP 应用一方面将实现企业产品工艺设计和管理的计算机化和信息化，另一方面它的成功实施必将促进企业工艺的标准化与工艺管理的科学化、规范化，从而提高产品的质量，缩短新产品开发周期，降低产品成本。因此，需要企业从总工程师、总工艺师到各级工艺部门主管，充分重视 CAPP 的应用管理。

2）现代 CAPP 实施的基本前提。从目前现代 CAPP 技术发展及企业 CAPP 应用现状看，要广泛实施面向产品的制造工艺信息系统需要具备几个基本前提：

· 在符合技术发展趋势的前提下，更加突出强调市场需求，发展符合我国各类制造企业实际需求并可大力推广的商品化 CAPP 应用支撑软件（平台/工具型 CAPP 系统）；

· 企业要转变 CAPP 就是以零件为主体实现工艺规程编制自动化的观念，而要从工艺标准化、工艺信息共享及集成、工艺管理的科学化等方面综合考虑，提出能够迅速地见到效益的 CAPP 应用目标；

· 企业应具有基本的硬软件环境和足够的资金投入，以及总工程师、总工艺师、各级工艺部门主管对 CAPP 的重视和相关工艺人员的配合、支持。

（2）现代 CAPP 实施评价。

从 CAPP 系统的功能上看，不同的企业有不同的需求，很难给出详细的定义；但从性能上看，可有共同的评价准则。针对企业对现代 CAPP 应用需求与发展，可从以下几个方面对现代 CAPP 系统的实施进行评价。

1）商品化程度。CAPP 应用支撑软件系统运行稳定可靠、用户界面友好、操作方便、长期的专业化技术支持与服务等是软件系统商品化程度的重要度量指标。

2）实施效益评价。效益驱动而非技术驱动是现代 CAPP 成功实施的重要保证。现代 CAPP 系统的实施效益可从以下几个方面考察。

· CAPP 的应用应从方便更改、智能化等方面，减少单个零件工艺设计中工艺人员烦琐的重复性工作，提高工艺人员工作效率。计算机辅助系统应用的很大部分效益应体现在设计的更改上，能够使工艺人员方便、快捷地对已设计出的工艺进行修改，应是体现 CAPP 应用效益的重要方面。

· CAPP 的应用应实现企业面向产品的工艺信息集成与共享，从整个产品开发的全过程来减少工艺人员及其他相关技术人员烦琐的重复性工作。一方面提高工艺人员及其他相关技术人员的工作效率；另一方面，避免人为造成的各种错误，保证工艺数据的一致性。

· CAPP 的应用应促进工艺设计的标准化与规范化，提高工艺设计质量。

3）系统的可扩充性。现代CAPP系统应能很好地适应应用环境的变化。具体来讲，就是在最大限度保护用户已有的应用资源的基础上，方便、快速地满足新的应用需求，这是现代CAPP能够不断应用的基本条件。例如，当企业的工艺卡片格式规范改变后，能否将工艺人员原先设计好的产品工艺方便地转换过来。此外，能否允许用户进行功能的自定义、提供方便的数据集成交换接口等，也是CAPP能够不断应用的重要条件。

4）实施的经济性。从运行环境的要求、软件要求、实施的程度等方面，要结合企业的实际情况，从经济性方面认真考虑。

(3) 现代CAPP实施管理体系。

对现代CAPP的工程化实施，应建立相应的实施管理体系。从技术角度看，在CAPP实施的不同阶段对技术人员的要求不同，工艺分析与建模主要要求技术人员具有较强的工艺领域知识，熟悉CAPP软件基本原理与信息建模方法；应用系统建立与应用主要要求技术人员有一定的工艺领域知识，掌握CAPP软件的用户化与系统的应用；二次开发主要要求技术人员具有较强的工艺领域知识、熟悉CAPP软件基本原理，掌握CAPP软件的应用开发工具。

在工程化应用中，CAPP的实施有可能会成为瓶颈。因此，在CAPP的应用过程中，必须建立CAPP的实施规范体系，以奠定CAPP软件广泛应用的基础。

CAPP的实施规范分为技术规范、管理规范两大部分。

1）CAPP实施技术规范。CAPP实施技术规范主要包括面向对象信息建模规范、知识库对象定义规范、工艺卡片格式定义规范、应用系统建立规范等。

2）CAPP实施管理规范。CAPP实施管理规范主要包括应用项目管理规范、实施过程管理规范、技术服务规范等。

软件工程的一个基本方法是在软件开发的各个阶段从技术角度进行审查，这是保证软件质量的重要措施。为了提高保证CAPP实施的质量，在CAPP实施的主要阶段结束时都应进行技术审查。技术审查的主要内容包括合理性审查、规范化审查等。

3. 企业现代CAPP应用的管理

现代CAPP成功应用的关键在于企业。企业应加强CAPP的应用标准化管理，使之能够很好的服务于企业。

(1) 工艺的标准化管理。

所谓工艺标准化，就是根据标准化的原理与方法，对有关工艺方面的共同性问题进行优化、精简和统一。同时工艺标准化也是企业标准化的一项主要内容，有利于提高企业工艺工作的科学化、规范化水平，有利于推广先进的工艺技术和实现多品种单件小批量生产的专业化、自动化，从而缩短产品开发周期，提高产品质量，降低产品成本。

从标准化角度，工艺标准化大致可分为以下几项主要标准：工艺文件标准、工艺分类与工艺术语标准、工艺符号或代号标准、工艺余量标准、工艺操作方法标准、工艺试验和检测标准、工艺材料标准、技术条件标准、工艺装备标准及工艺管理标准等。

长期以来，由于片面追求工艺决策的自动化，而忽视了CAPP与工艺标准化的关系。随着CAPP应用的日益广泛和深入，人们将认识到CAPP的应用不仅仅是用计算机打印的工艺卡片代替手填的工艺卡片，而将大大促进工艺的标准化；反过来，工艺的标准化是提高CAPP应用效果的重要方面，并将从根本上提高工艺设计的质量。随着面向产品的现代CAPP的有效应用，实现工艺设计与管理的一体化，工艺标准化与CAPP应用的关系将更为密切。

CAPP 应用中的工艺标准化基本内容如下：

1)各类工艺术语的标准化、规范化与工艺术语库的建立；

2) 各类工艺数据的标准化、规范化与工艺数据库的建立；

3) 从典型工步、典型工序、典型工艺等不同层次进行各类工艺的典型化的研究，建立各类工艺的典型工艺库等。

因此，在现代 CAPP 的工程化应用中，需要企业真正认识到工艺标准化这一工作的重要性，成立由有经验的工艺人员组成的工艺知识库维护小组进行工艺知识库的维护，以实现工艺设计的标准化，从根本上提高工艺设计质量。

(2) 现代 CAPP 应用系统的适应性维护。

随着工艺水平的提高和生产管理模式的改变，产品工艺信息模型及其外部表现形式、工艺设计知识等都可能发生变化。一方面，这需要系统具有良好的体系结构和可扩充性，能够最大限度保护企业 CAPP 应用资源，且提供长期的技术支持与服务；另一方面，需要企业从组织、人力等各方面加强 CAPP 应用管理，做好 CAPP 系统的应用维护工作，使 CAPP 的应用不断在生产中发挥作用，取得明显的经济效益。

7.2　从电子表格走向 CAPP 集成化应用

7.2.1　系统应用背景

某鼓风机制造企业，是典型的单件、小批量、按产品订单组织生产的企业。采用传统的工艺技术准备工作，在生产中有着不可克服的缺点——工艺设计工作量大、周期长、效率低、差错率高，并且工艺方法因人而异——给生产组织带来诸多不便。而在当前产品竞争非常激烈的条件下，用户不仅对产品的质量、性能有着严格个性化要求，对生产周期更有严格限定。企业按产品订单来组织生产，产品型号变化快，如何对市场的需求做出快速反应，缩短产品生产周期，这关系到企业未来的长远发展。

从 20 世纪 90 年代起，该企业的工艺部门着手应用 CAPP 技术，以 Windows 3.2 为设计平台，以 Excel 4.0 宏为设计语言，自行开发了以填写卡片为主的 CAPP 系统。系统以电子表格的形式，初步将产品的工艺文件电子化，并已在生产中得到广泛应用。这种 CAPP 系统的应用初步改善了企业产品生产工艺准备周期长的现状，在一定程度上提高了生产率。然而，随着 CAPP 应用的不断深入，这种以填写卡片为主的系统的局限性也逐步暴露，主要表现在以下几个方面：

(1) 由于采用文件管理模式，数据的共享、一致性等难以保证。在此情况下，汇总统计工作仍需工艺人员手工或交互处理。随着应用的扩大，特别是随着工艺更改次数的增加，工艺文件的管理问题日渐突出，大量文件的管理已成为工艺人员的沉重负担，难以满足企业长远发展的需要。

(2) 缺乏统一的数据模型，难以与 CAD，PDM，MRPII，CAM 等系统实现信息共享与集成，从而影响 CIMS 的实施。而 CIMS 的最基本特征是子系统间数据信息的共享，CAPP 是设计信息向制造信息转换的“中转站”，原有CAPP系统不能担负起CIMS中信息转换的桥梁作用。

(3) 随着企业的发展，CAPP系统功能应进行不断的扩充，并不断提高系统自动化程度。原有系统难以进行功能扩充，不能满足这一发展需求。

为了配合在企业实施CIMS工程，以及满足企业对CAPP系统新的更高的要求，根据企业的生产能力和管理现状，需要开发新的CAPP集成系统，来实现产品工艺设计的数字化、集成化、网络化和提高企业快速响应能力，强化竞争力和创新能力。

7.2.2　工艺设计的特点

1. 工艺生产准备周期短

由于企业的全部产品实行预订货销售，无成品库存；生产类型为单件、小批量、多规格、按用户的订单生产，其产品的生产周期一般6个月至1年；其中设计时间达3个月至6个月，因此对工艺生产准备周期要求很短。

2. 工艺标准

鼓风机产品在设计和生产中有完善的国家标准、企业标准或国外标准参照。在工艺设计方面，该企业的主要产品轴流系列和离心系列风机已经基本形成典型化、系列化和标准化，包括壳体、叶片、轴套、盘类等主要零部件的机械加工、装配和热处理工艺已基本定型，建立了完善的工艺标准体系，总结了大量典型工艺。根据产品加工的特点，工艺设计中的大量工作可充分应用工艺标准减轻设计工作量。

3. 工艺设计特点

由于产品是典型的单件、小批量生产模式，产品的改型频繁，工艺编制工作任务较重，因而采用计算机和CAPP技术进行工艺过程设计，可大幅度提高工艺设计的质量和效率。

4. 工艺数据管理特点

工艺部门积累了大量的工艺数据，包括典型工艺、零件工艺、装配工艺等，用纸面和Excel电子表格文件形式存储，其信息不是结构化数据，不能被其他系统识别和共享。需要采用数据库技术，充分利用工艺规则、工艺知识，在一定程度上实现工艺的自动化设计。

5. 工艺路线编制

工艺路线编制根据产品图的零件清单，由综合工艺室完成。由于产品系列之间具有较好的相似性和继承性，故可采用专家系统技术实现交互式的自动工艺路线编制。

6. 工艺信息交换

由于工艺设计过程涉及多个专业工艺组，包括工艺方案、工艺路线、专业工艺设计、工艺汇总、材料定额、工艺装备设计等，因此不同的部门和人员之间要实现工艺信息的共享和交换，并且要共享机床库、刀具库等工程数据库信息。

7.2.3　CAPP集成系统

根据企业现状，为了增强工艺的规范化和标准化，提高CAPP应用水平，在CAPPFramework系统的基础上实施开发了鼓风机CAPP集成系统。该CAPP集成系统充分利用已有数据资源，已成功应用于壳体、叶片、轴套、盘类等主要零部件的机械加工、装配和热处理等各类工艺的设计。

该 CAPP 集成系统在 CAPPFramework 的基础上开发了一些不同于其他企业的专用功能模块，从而满足了企业工艺设计的所有需求，其基本结构如图 7.1 所示。其主要功能包括以下几个方面。

1. 产品结构 BOM 的自动提取

通过集成数据接口，CAPP 集成系统可从企业使用的 SmarTeam 软件中以文件方式和数据库方式提取产品结构 BOM，减少工艺人员的重复劳动，提高了数据的准确性并保证其一致性。

2. 专业工艺设计

根据各专业工艺设计的特点，实现了机械加工工艺、装配工艺、涂装防锈工艺等各专业工艺设计工具。

3. 工艺路线专家系统决策

采用检索、修订、生成等多工艺决策混合技术和多种人工智能技术的综合智能决策功能，部分实现工艺设计的自动化，提高了工艺设计效率和产品工艺的标准化、规范化程度。通过在知识库中对工艺路线的规则定义和分类，该 CAPP 集成系统已成功实现工艺路线的自动推理。基本实现了工艺路线设计的自动化，提高了设计效率和标准化、规范化程度。

4. 典型工艺的查询

与工艺路线专家系统决策功能模块功能相似，通过在知识库中对典型工艺进行规则定义和分类，实现相似零件典型工艺的查询，通过人机交互选择适当的典型工艺。典型工艺的应用极大地提高了工艺设计的标准化、规范化。

5. 工艺数据的汇总统计

该 CAPP 集成系统实现了机械加工自制工艺装备、机械加工外购工艺装备、装配自制工艺装备、装配外购工艺装备、数控自制工艺装备、数控外购工艺装备、轴流工艺过程卡片目录、离心工艺过程卡片目录和涂装防锈工艺过程卡片目录等各类统计汇总功能，这样不仅可以极大地提高工艺文件的编制效率，而且最大限度地减少了不必要的人为失误。

6. CAPP 工艺知识及资源管理

能否成功提高工艺编制效率，很大程度上取决于系统工艺知识及资源库建立的合理性，知识库的丰富程度。

7. 工艺转换集成接口

由于企业在典型工艺整理方面已做了很多工作，CAPP 集成系统要继承已有成果，因此开发了信息集成接口，可从基于电子表格文件的典型工艺和零件工艺中提取工艺，建立 CAPP 集成系统的典型工艺和零件工艺。

7.2.4　工艺分工路线专家系统

按照该企业习惯，本节将工艺分工路线简称为工艺路线。表 7.1 为该企业工艺路线卡片的格式。

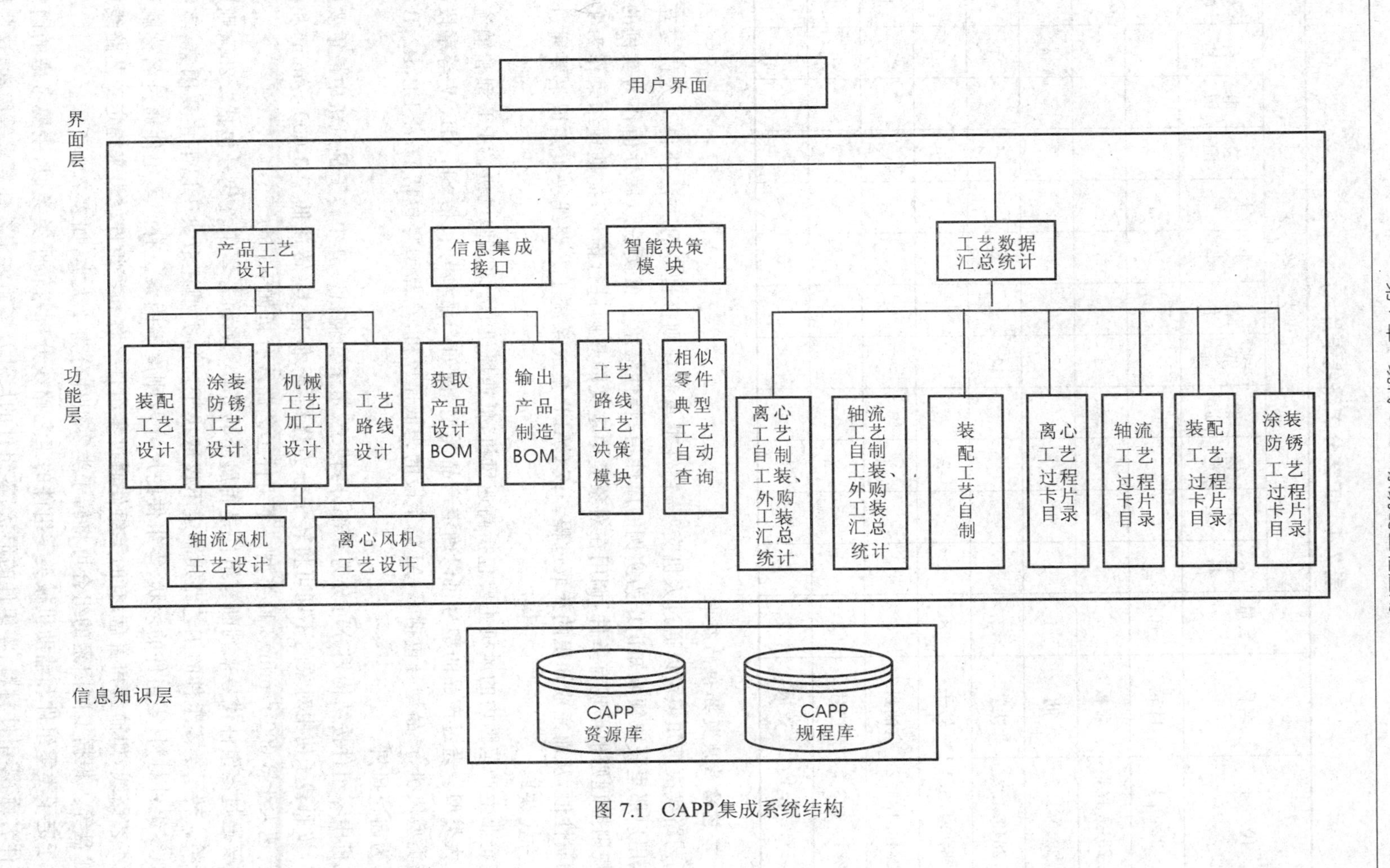

图 7.1　CAPP集成系统结构

表 7.1　工艺分工路线卡片

序号	代　号	名称	数量	工　艺　路　线											
				备料	木型	铸造	锻造	热处理	冷作	小金工	大金工	装配	电镀	外协	外购
1	2840.1	叶轮	10	1								2			
2	2840.1.1	盖板	6	1	2	3		4		5					
3	2840.1.2	肋	4	1						2	3			4	
4	2840.1.3	法兰	3					2		3				1	
5	2840.1.3.1	转子	8	1		2				3				4	
6	2840.1.3.2	油封	3												1
7	2840.1.3.3	垫片	9												1
8	2840.1.4	盖板	2	1	2	3		4		5					

1. 工艺路线决策知识的获取

工艺路线决策知识可以通过人机交互、特性继承和规则推理 3 种方法获得。人机交互是直接从用户那里获取领域知识作为实例的属性值;特性继承从父类获取属性值作为实例的属性值;规则推理则根据现有条件,调用在对象类中定义的规则进行推理,把推理结果作为实例知识的属性值,从而完成知识的获取过程。该 CAPP 集成系统工艺路线决策知识主要通过人机交互方式获取。

该企业生产范围内的风机主要包括高速风机、低速风机、烧结类型风机、TRT 型和轴流风机等几大类型。通过产品的型号可以确定产品类型,例如产品型号包括 SJ,AII,W 等字段的为烧结类型风机,产品型号包括 C,AI 等字段的为低速风机,产品型号包括 D,E,EP,R2,B 等字段的为高速风机。

风机中零组件按结构划分可分为 3 部分:转子、定子和辅机。其中转子是风机中最重要的零部件,按照转子使用对象的不同可将转子分为烧结类、低速类(转速低于 3 000 r/min)和高速类(转速大于 3 000 r/min)3 种类型。零组件工艺路线分析如下:

主要通过零组件代号来判断零组件是否属于转子类,例如若零组件代号包括“.25”,则属于转子类。转子类零组件的工艺路线制定不仅取决于产品类型还取决于以下主要因素:零组件名称、零组件材料、零组件的形状、零组件的尺寸及刚度等因素。有的零组件通过名称就可以确定工艺路线,如轴盘和盖盘;有的零组件通过零组件名称和零组件材料来确定工艺路线如叶轮、轮盘等。根据不同因素的组合可将转子类零组件分为 4 大类,如表 7.2 所示。

对于定子类零组件和辅助机械类零组件的工艺路线分析与转子类类似,主要考虑的因素为零组件名称、零组件材料、零组件的形状、零组件的尺寸及零组件工艺性要求等因素,这些信息是专家系统决策的依据,可根据不同因素的组合将零组件进行分类。

表 7.2 转子类零组件分类

转子类零组件	确定工艺路线的因素	实　例	所占比例
Ⅰ类	零组件名称	轴盘、盖盘等	10%
Ⅱ类	零组件名称、材料	叶轮、轮盘等	35%
Ⅲ类	零组件名称、材料、形状、尺寸	压环、轮毂等	30%
Ⅳ类	零组件名称、形状、尺寸、刚度	进口圈、主轴等	25%

2. *工艺路线决策知识的表示*

为了便于知识的获取,必须首先规范知识的表达方式。相同的知识,在采用不同的表达方式情况下,其外在的显式描述是不同的。因此专家系统在最初设计时,应考虑知识的表达方式。在与工艺专家交流过程中,对获取的知识、数据应采用规范的文本表达格式。表 7.3 和表 7.4 为部分转子工艺路线决策规则一览表,图 7.2 为知识属性(参数)描述对话框,用于具体描述工艺路线项知识。

烧结类叶轮工艺路线安排(按权重顺序单一匹配)(SJ,AII,W)

表 7.3 转子工艺路线决策规则一览表(按名称及材料划分)

类	方法名 称	规则号	前提(IF)	结论(THEN)	否 则	权重
工艺路线项	烧结类叶轮工艺路线安排(按权重顺序单一匹配)	1	NAME=="叶轮"	USEMETHOD 烧结叶轮工艺路线安排		100
		2	NAME=="叶片"	WRITE S2 {"代号为<"+DNO+">叶片的进口边是否有 R(有|无)"} Getchoice S1 S2 USEMETHOD 烧结叶片工艺路线安排		100
		1	SUBPART .MATERIAL == "HQ70"	RCL="2" LZ="1 3" DJG="4" ZP="5"		100
		2	SUBPART .MATERIAL == "15MnV"	LZ="1" DJG="2" ZP="3"		100

表 7.4　转子工艺路线决策规则一览表(按名称、形状、刚度等条件划分)

类	方法名称	规则号	前提(IF)	结论(THEN)	否则	权重
	烧结轮毂工艺路线安排(按权重顺序单一匹配)		WRITE S2 {"代号为＜"＋DNO＋"＞轮毂的厚度"} Getinput I1 S2 WRITE S3 {"代号为＜"＋DNO＋"＞轮毂的外径"} Getinput I2 S3 WRITE S4 {"代号为＜"＋DNO＋"＞轮毂的重量"} Getinput I3 S4 USEMETHOD 烧结轮毂工艺路线安排			
		1	I1＞＝70 I2＜＝1150 I3＜＝850	BL＝"①" DZ＝"2" RCL＝"3" XJG＝"4" DJG＝"5		100
		2	I1＞＝70 I2＞1150 I3＞850	WX＝："1" RCL＝"2" DJG＝"3 5" XJG＝"4"		100

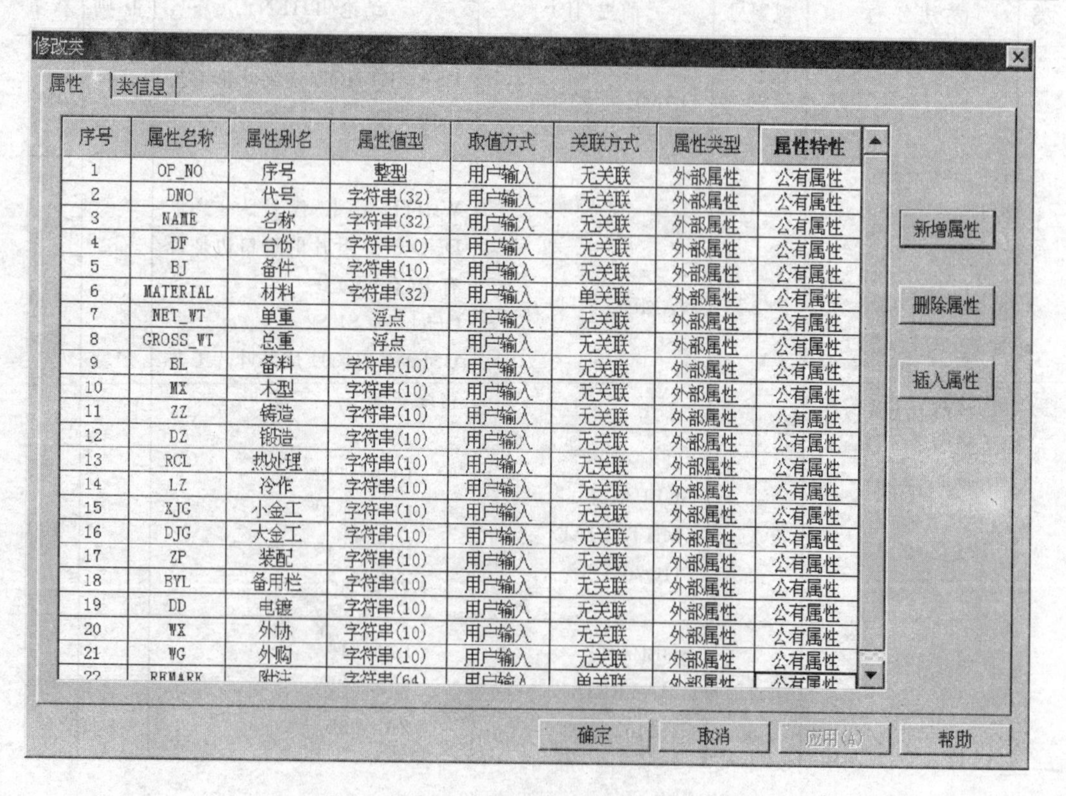

序号	属性名称	属性别名	属性值型	取值方式	关联方式	属性类型	属性特性
1	OP_NO	序号	整型	用户输入	无关联	外部属性	公有属性
2	DNO	代号	字符串(32)	用户输入	无关联	外部属性	公有属性
3	NAME	名称	字符串(32)	用户输入	无关联	外部属性	公有属性
4	DF	台份	字符串(10)	用户输入	无关联	外部属性	公有属性
5	BJ	备件	字符串(10)	用户输入	无关联	外部属性	公有属性
6	MATERIAL	材料	字符串(32)	用户输入	单关联	外部属性	公有属性
7	NET_WT	单重	浮点	用户输入	无关联	外部属性	公有属性
8	GROSS_WT	总重	浮点	用户输入	无关联	外部属性	公有属性
9	BL	备料	字符串(10)	用户输入	无关联	外部属性	公有属性
10	MX	木型	字符串(10)	用户输入	无关联	外部属性	公有属性
11	ZZ	铸造	字符串(10)	用户输入	无关联	外部属性	公有属性
12	DZ	锻造	字符串(10)	用户输入	无关联	外部属性	公有属性
13	RCL	热处理	字符串(10)	用户输入	无关联	外部属性	公有属性
14	LZ	冷作	字符串(10)	用户输入	无关联	外部属性	公有属性
15	XJG	小金工	字符串(10)	用户输入	无关联	外部属性	公有属性
16	DJG	大金工	字符串(10)	用户输入	无关联	外部属性	公有属性
17	ZP	装配	字符串(10)	用户输入	无关联	外部属性	公有属性
18	BYL	备用栏	字符串(10)	用户输入	无关联	外部属性	公有属性
19	DD	电镀	字符串(10)	用户输入	无关联	外部属性	公有属性
20	WX	外协	字符串(10)	用户输入	无关联	外部属性	公有属性
21	WG	外购	字符串(10)	用户输入	无关联	外部属性	公有属性
22	REMARK	附注	字符串(64)	用户输入	单关联	外部属性	公有属性

图 7.2　工艺路线项类属性定义界面

获取数据与知识时，除需要进行收集整理、归纳、总结和分类并用标准的格式记录下来以外，还要利用系统提供的知识库管理工具，进行录入、维护和管理等工作。图7.3所示为工艺路线决策方法定义的界面。

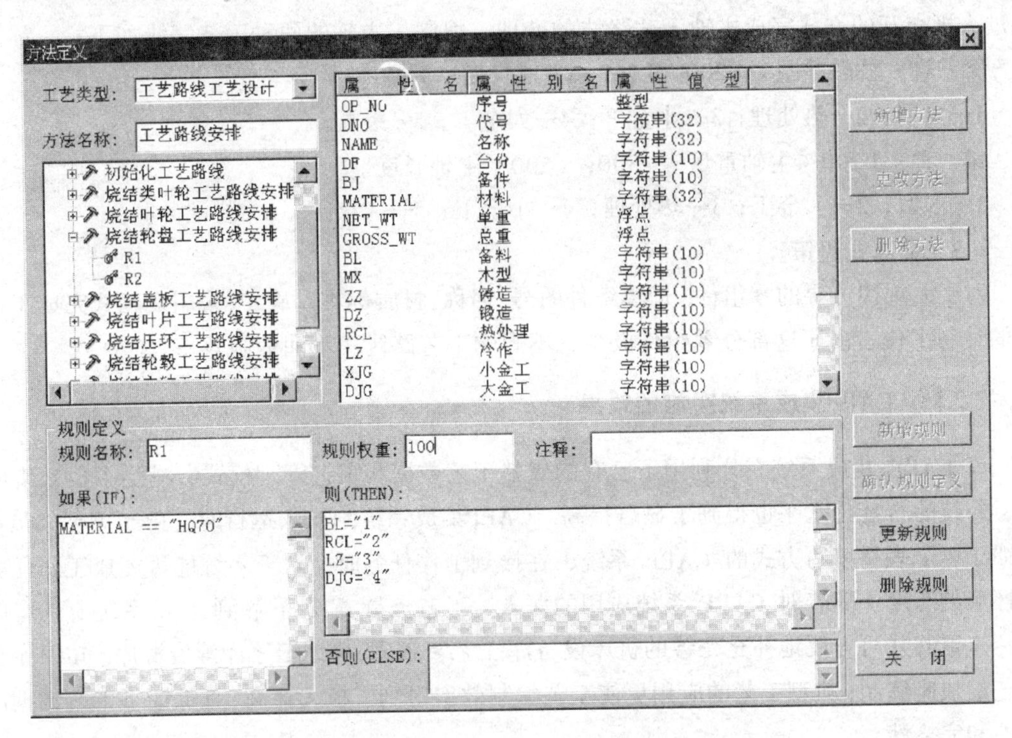

图7.3　工艺路线决策方法定义的界面

3. 实用工艺路线专家决策系统与传统专家系统的区别

传统的专家系统多采用基于特征的全生成式决策方法。从技术发展来看，此类专家决策系统开发周期较长，且系统的扩展性较差。而面向对象技术的发展，为基于面向对象和规则的实用工艺路线专家决策系统的实现提供了可能。为了使系统实用性更强，并减少工艺路线设计的复杂性，本系统采用了混合智能决策。

(1) 智能化决策。

对于标准化程度高的零组件，如左机壳，决策系统根据产品BOM表中的产品型号判断出该零件属于高速鼓风机类，然后根据零件图号、材质和零件名称判断出该零件为铸件，需要进入大金工加工。因此其工艺路线为：

1—木型；2—浇注；3—大金工。

此类零组件的工艺路线编制不需工艺人员的介入，完全由计算机进行智能化决策。由于工厂生产模式为单件、小批量，其主要零组件的编号和名称是一定的，且同类风机结构具有相似性，所以这些特点增强了完全智能化决策的可能性。

(2) 半智能化决策。

对于风机中的主要零组件，除了根据产品BOM表中的数据，还需要根据设计图纸中零组件的结构、尺寸等输入必要的参数，通过人机交互决策，获取零组件的工艺路线。下面以主轴工艺路线的决策过程为例加以说明。

在主轴工艺路线推理时，除了根据产品BOM表中的数据外，主轴的重量、长度等参数的不同也决定了主轴工艺路线的不同。而主轴的重量、长度等参数需要工艺人员从图纸上获得，通过人机交互的方式完成主轴工艺路线的推理、编制。主轴的两种工艺路线如下：

第一种：主轴重量＞1 200，3 960＜主轴长度＜4 500。

1—木型；2—热处理；3—小金工；4—大金工；5—装配。

第一种：1 200＜主轴重量＜4 500，4 500＜主轴长度。

1—木型；2—大金工；3—热处理；4—小金工；5—大金工；6—装配。

（3）交互式决策。

对于无规律可寻的零组件，即零组件图号、名称、材质等难以确定，采用交互式完成工艺路线的编制工作。由于这部分零组件极少，不影响工艺路线决策和编制效率。

7.2.5　CAPP集成系统实施的效果

该 CAPP 集成系统充分利用了已有的成熟工艺数据和工艺管理模式，满足了信息集成要求，系统的智能化水平也得到了显著提高。CAPP集成系统刚投入运行时，由于工艺人员已经习惯于电子表格填写方式的 CAPP 系统，在接到工作任务时，对新系统能否完成工作任务抱着怀疑的态度。随着对 CAPP 系统应用的深入，工艺人员充分了解到了新系统所具有的优点：丰富的并可方便地补充完善的机床设备库、工艺装备库、典型工序库等资源库、知识库支持工艺的快速编制；典型工艺的应用更使工艺编制效率得到了极大提高，且保证了工艺数据的一致性和完整性。

目前，CAPP软件已全面应用于企业的工艺编制，覆盖范围涉及工艺路线等综合工艺和机械加工工艺、装配工艺、涂装防锈工艺等专业工艺，并实现了自制工艺装备、外购工艺装备、工艺文件目录等各类统计报表的自动生成，不仅极大地提高了工艺文件的编制效率，而且能够最大限度地减少不必要的人为失误，使工艺人员从繁重的、重复性的工作之中解脱出来。此外，系统提供的动态交互知识获取功能，使得工艺人员在编制工艺时随时向各种资源库中添加数据，从而实现资源库的动态扩充，把企业工艺人员的宝贵经验逐步积累下来。

7.3　飞机工艺装备CAPP系统

7.3.1　飞机工艺装备生产概述

飞机工艺装备制造是飞机制造工程的重要组成部分，它为飞机生产提供专门设计的夹具（含型架）、横具、专用工具、地面设备、试验设备等技术装备，是实现飞机的设计要求和达到计划产量指标的重要技术物质装备。飞机工艺装备的工艺工作，是保证飞机制造质量的重要基础，对飞机制造技术、质量控制、经济效益、生产进度等方面有重要影响。随着国家“十五”规划中飞机生产批量的增加，飞机工艺装备的生产批量也成倍增加。为适应国家飞机生产高效率、低成本的实际需求，飞机工艺装备生产部门必须按订单快速完成材料选用、结构设计和工艺设计等工作。

传统的飞机工艺装备工艺设计计算机应用水平很低，基本上都是手工编写，存在着效率低、易出错，设计质量取决于工艺设计人员的经验，一致性差，标准化、规范化差等缺陷，已远远不能满足现代化飞机生产的需要。飞机工艺装备又属于多品种、小批量生产，其组织生产和开发新产品的主要目标是缩短产品制造周期、提高产品质量、降低成本。因此，飞机工艺装备工艺设计和技术管理工作迫切需要引进 CAPP 应用技术，以提高工艺设计和技术管理工作效率，保证工艺工作能迅速准确、完整地提供生产性工艺文件、管理性工艺文件，实现工艺文件的标准化、规范化和系列化，使工艺装备工艺技术人员从烦琐的重复性工作中解脱出来，真正投入到工艺创新、优化工艺等工作中，以提高企业适应多品种、小批量、短周期和高质量的生产能力要求。

7.3.2　飞机工艺装备制造工艺特点与工艺规程工作

1. 飞机工艺装备制造的工艺特点

通过对飞机工艺装备产品及工艺的分析与总结，一般具有以下特点：

(1) 产品种类繁多，相似性较好。

飞机工艺装备种类繁多，各类别的结构形式和制造工艺千差万别，但有相当数量的标准产品、系列产品、定型产品，这些产品的结构和工艺都有不同程度的相似性，并有一定的规律可循。飞机工艺装备按其使用功能可分为：随机工具(螺丝刀、定力扳手、专用工具等)、试验设备(机械试验设备、液压试验设备、气压试验设备等)。大类中的各子分类还可划分为很多子分类，如吊挂按用途可分为：运输吊挂、下架吊挂、翻转吊挂、对接吊挂、回火吊挂、爆炸成型模吊挂等。

(2) 材料品种繁杂，辅助材料多。

飞机工艺装备使用的材料可分为金属材料和非金属材料两大类。金属材料包括按形状分为板料、棒料、管料、型材、丝材等 5 种。非金属材料包括橡胶制品(橡胶管、橡胶板、缓冲绳)、有机玻璃、石油产品(航空煤油、汽油、润滑油、液压油、润滑油脂)、塑料制品(聚四氟乙烯板、棒等)、特种纺织品(帆布、锦丝绳、锦丝带、编织带、毛毡等)、油漆(环氧树脂漆、聚氨脂漆、稀释剂、固化剂等)、木材及石棉制品等。通过材料的分类整理，可以按分类对飞机工艺装备产品进行材料定额编制汇总，便于统一的材料采购。

(3) 工艺设计的标准化、规范化要求高。

飞机工艺装备制造使用的零件种类非常多，尺寸精度、形位公差、热表处理、特种检查的要求不尽相同，零件的工艺方法千差万别，对工艺设计的标准化、规范化要求高。由于同类产品的工艺相似，通过进行产品的分类及典型工艺的分析整理，可有效提高工艺设计的效率及工艺设计的标准化、规范化。

(4) 使用的标准件种类多且繁杂。

飞机工艺装备制造过程中，使用了大量的标准件，适用于不同的机种、机型，标准件难以统计，数量庞大，因此应对标准件进行分类管理。标准件有一些是零件，但大多数是组合件。通过对标准件的分类管理，可有效进行产品标准件的统计汇总工作。总结出各类产品中标准零组件,形成标准件库,在产品设计与制造工作中直接引用标准件库中的标准件,避免重复劳动,提高工艺设计效率。

(5) 飞机工艺装备的生产任务要求工艺设计周期短。

(6) 工艺设计过程只需少量简单的工序图,一般用文字对工序进行说明和要求,对图形处理要求较低。

(7) 生产计划、零件配套、材料供应、标准件、成品供应等生产组织管理复杂,零件从投料到加工成成品的生产周期很长,对工艺的跟踪困难。

2. 飞机工艺装备工艺规程

飞机工艺装备产品在设计人员完成设计以后,由档案馆晒发至制造单位和使用单位。制造单位接到新发图纸后,由工艺室负责编制工艺规程,同时提出在生产过程中需要的制造用工艺装备的技术条件,设计、制造工艺装备,编制工艺装备品种表,进行汇总。编制需要外协作的零部件的交接状态表并进行汇总。在编制完工艺规程以后,进行的主要工作如下:

(1) 资料文档管理:资料员晒制工艺规程,将蓝图和工艺规程装订成册,编号、登账、入包、保管;

(2) 工时定额制定:由定额员制定工时定额,编制工时定额卡片,汇总、登账、保管;

(3) 材料定额汇总:由材料定额员编制材料定额卡片,分别编制零件、标准件、出厂备件、材料消耗定额明细表、车间综合消耗定额明细表、全机综合消耗定额明细表,并进行汇总、分发;

(4) 标准件统计:填写标准件卡片,依据卡片进行单项汇总、全机汇总;

(5) 产品统计:对工艺装备产品中的零、部件进行统计汇总。

7.3.3 飞机工艺装备 CAPP 系统

飞机工艺装备 CAPP 系统以 CAPPFramework 为开发平台,面向飞机工艺装备制造领域,突出领域性和针对性,建立基于 C/S 模式的统一、完整的系统体系结构。基于 CAPP-Framework 的基本功能,飞机工艺装备 CAPP 系统基本结构如图 7.4 所示,所开发的主要功能如下。

1. 工艺知识库管理

针对飞机工艺装备的生产环境、生产对象与工艺设计经验和习惯,建立飞机工艺装备专用工艺知识库,以提高工艺人员的工作效率,提高工艺设计的一致性和质量。实际上,能否成功建立适于飞机工艺装备现状的 CAPP 系统,提高工艺编制效率,很大程度上取决于系统工艺知识库建立的合理性和丰富程度。而随着企业的进步,CAPP 的功能需求也在不断变化加强,需要不断加强知识库的维护和完善工作。

2. 材料定额编制

针对飞机工艺装备的全机、单项零组件,按材料的分类进行材料消耗定额的编制、统计和汇总,实现飞机工艺装备的材料定额编制。材料定额编制需要工艺人员做大量认真、细致、烦琐、复杂的工作。通过对板、棒、管、型、丝等材料用量计算方式的归类、统一,实现材料定额计算机辅助编制,加快工艺准备工作,保证材料定额数据的准确可靠。

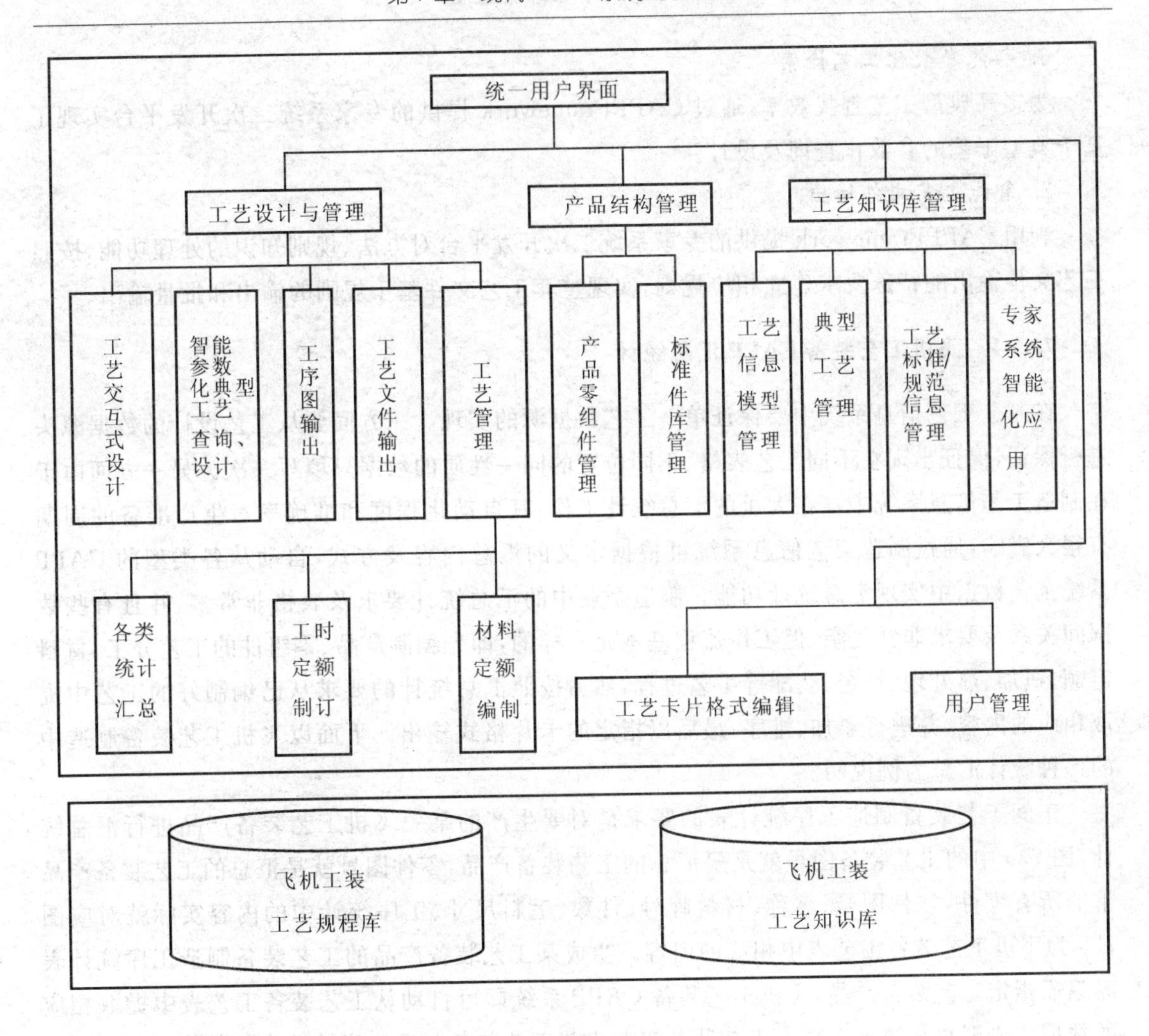

图 7.4　飞机工艺装备 CAPP 系统

3. 标准件库管理

针对飞机工艺装备产品中使用的大量标准件，建立按分类组织的标准件库，供工艺设计借用，实现标准件的集中管理，保持标准件管理的一致性与准确性。系统实现标准件库的管理，以供产品工艺设计中进行标准件的调用及在产品工艺中要对标准件汇总。

4. 典型工艺管理

在标准化工艺设计的基础上，全面进行产品零件工艺分析，抽取产品零件工艺设计中的典型工艺，建立典型工艺库，实现基于典型工艺的工艺设计。并总结各工艺类型的典型工序、常用术语，建立典型工序库、常用术语库，实现飞机的随机工艺装备各类工艺设计的标准化、规范化。

5. 统计汇总

飞机工艺装备存在大量的统计汇总工作，如工艺装备产品制造工序统计表等。系统利用工艺规程中的工艺设计信息，实现工时、材料、外协件、配套细目等各类工艺的自动统计汇总，确保工艺信息的一致性。

6. 智能参数化工艺检索

为提高典型工艺查找效率，通过 CAPPFramework 提供的专家系统二次开发平台实现了基于典型工艺的参数化查询及设计。

7. 智能工艺文件输出

利用 CAPPFramework 提供的专家系统二次开发平台对方法、规则知识的处理功能，按照工艺文件输出的特殊要求建立相应规则，实现整套工艺文件基于规则的输出和批量输出。

7.3.4 飞机工艺装备 CAPP 汇总统计

在制造工艺信息系统中要保证单一工艺数据源的实现。一方面要从工艺设计的数据源头进行保证，保证出现在不同工艺表格、不同位置的同一性质的数据只填写一次。另一方面由于在制造工艺信息系统中存在大量的汇总统计工作，其自动化程度和准确率对生产准备的周期有很大影响，通过制造工艺信息系统可根据定义的汇总内容及方式，自动从各类型的 CAPP 系统工艺数据中实现汇总统计功能。制造企业中的汇总统计要求及表格非常多，并且有些数据间关系及要求非常复杂，但工作流程基本是一样的，即先编制产品、零组件的工艺分工、材料定额、机加、热处理、钣金、装配等工艺过程，然后按照汇总统计的要求从已编制好的工艺中提取相应的内容，并进行累加、排序，最后以指定的卡片格式输出。下面以飞机工艺装备制造中的一种统计汇总为例说明。

车间工艺装备制造工序统计表的要求是对要生产的某一飞机工艺装备产品进行汇总统计，图 7.6 中的工艺装备图号就是要汇总的工艺装备产品，零件图号就是汇总的工艺装备产品下的所有零件，零件图号、名称、材料牌号、件数、毛料尺寸、工序统计中的内容实际就对应图 7.5 为飞机工艺装备工艺表中相应的内容。生成某工艺装备产品的工艺装备制造工序统计表时只需指定工艺装备产品，飞机工艺装备 CAPP 系统即可自动从工艺装备工艺表中提取相应的数据完成汇总与统计工作。工艺装备工艺表与工艺装备制造工序统计表的数据映射关系如图 7.7 所示。

XX公司	工艺装备工艺表					派工号	412－201－102495		
产品图号	5750－101	工艺装备更改字母	A	材料牌号	A3	热处理	R316	共5页 第1页	
工艺装备图号	4380/1	零件图号	1－1	毛料尺寸	L＝3 000	零件名称	加强板	组合件号	1

工序号	工种	工序内容	数量	准备工时	单件工时	工艺装备	检验	备注
10	下	40×40×5， L＝580 mm/件		1	0.5			
20	钳	按草图所示，划两端头线						
30	铣	按线铣成型				A56Q－1		
40	钳	去毛刺						

图 7.5 飞机工艺装备工艺表

高速制车间	31	车间工艺装备制造工序统计表				工艺装备图号		2001.1.26	
制造工段	2					4380/1		共5页 第1页	
类型	零件图号	名称	件数	材料牌号	毛料尺寸	工序编译			
	4380/1	滑轨运输车	4						
	1	车架	4	焊件					
	1-1	架强板	8	A3	L=3 000	10:下	20:钳	30:铣	40:钳
	1-2	角钢	8	40×40×5	L=5 000	10:下			
*	2	小轴	8	GB2246					
	3	螺栓	48	焊件		10:钳	20:焊	30:钳	40:表

图 7.6　工艺装备制造工序编译表

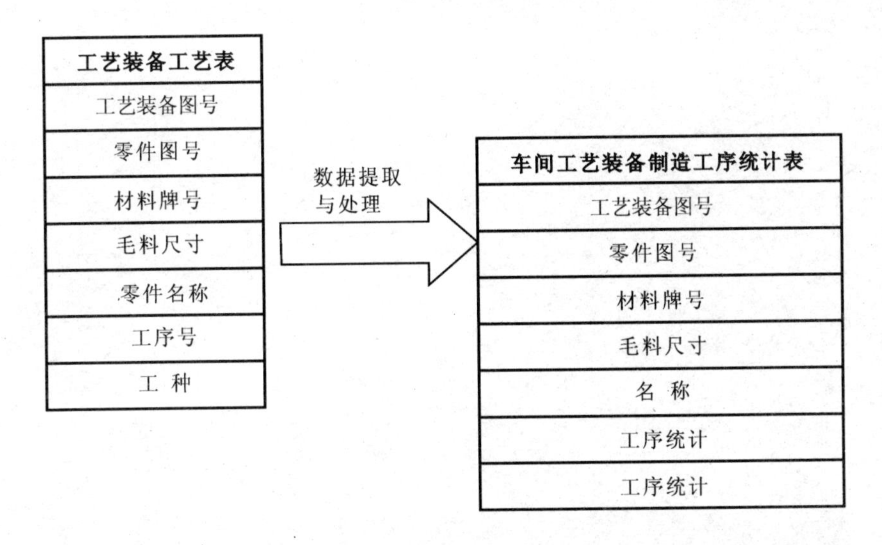

图 7.7　汇总统计数据映射关系

7.3.5　飞机工艺装备CAPP系统实施经验

CAPPFramework系统是一个通用交互式的CAPP的框架系统，系统的框架和功能模块都是通用的，然而不同的企业对CAPP系统都有着一些特殊的需求，只有开发、完善和充分利用这些特殊功能即系统，专有功能才能满足企业实际需求，使企业真正实现计算机辅助工艺设计，实现工艺设计的计算机化管理。飞机工艺装备CAPP系统针对用户应用中提出的需求，面向飞机工艺装备工艺设计和工艺管理，深入开发了功能模块，全面实现飞机工艺装备工艺设计的计算机化，实现了方便的工艺信息管理及典型工艺查询，基于典型工艺的零件的参数化工艺生成等，进一步提高CAPP的应用效率。系统的开发经验有：

(1) 以成熟的CAPP应用开发平台为基础，进行飞机工艺装备产品CAPP系统的开发，能有效地提高系统的开发进度并保证系统的稳定性、可靠性及可维护性。

(2) 按飞机工艺装备的形状结构和功能用途以类树结构进行了典型产品及典型工艺的分

类，可更有效地进行工艺的设计与管理。

(3) 由于飞机工艺装备的标准件非常多，飞机工艺装备的标准化、规范化工艺知识库的建立是 CAPP 系统开发与应用环节中的非常重要的环节，是系统高效运行的重要基础。

(4) 对于飞机工艺装备产品，可采用专家系统技术，进行智能参数化典型工艺的检索与工艺文件输出，实现有效的典型工艺检索及完成部分的参数化工艺设计。

(5) 由于飞机工艺装备统计汇总量大的特点，因此 CAPP 系统必须以结构化数据为核心保证良好的集成性，方便实现产品零组件的各类统计汇总，确保统计工艺数据的正确性、一致性。

参考文献

1 Marri H B, Gunasekaram A, Grieve R J. Computer aided process planning: a state of art. Int J Adv Manuf Technol, 1998, 14: 261～268

2 Cay F, Chassapis C. An IT view on perspective of computer aided process planning research. Computers in Industry, 1997, 34: 307～337

3 Kiritsis D. A review of knowledge-based expert systems for process planning: methods and problems. Int J Adv Manuf Technol, 1995(10): 240～262

4 Maropoulos P G. Review of research in tooling technology, process modeling and process planning Part 2: process planning. Computer integrated manufacturing system, 1995, 8(1): 13～20

5 Eversheim W, Schneewind J. Computer aided process planning state of the art and future development. Robotics & Computer Integrated manufacturing, 1993, 10(1/2): 65～70

6 Elmaraghy H A. Evolution and future perspectives of CAPP. Annals of the CIRP, 1993, 42(2): 739～751

7 Guata T. An expert system approach in process planning: current development and its future. Computer ind Engng, 1990, 18(1): 69～80

8 Alting L, Zhang H. Computer aided process planning: the state-of-the-art survey. Int J Prod Res, 1989, 27(4): 553～585

9 Luscombe A M, Toncich D J. A geometrical approach to computer aided process planning for computer-controlled machine tools. Int J Adv Manuf Technol, 1996(11): 83～90

10 Van Zeir G, Kruth J P, Detand J. A taxonomy for interactive and blackboard based CAPP. In: Proceeding of International conference on manufacturing automation, Vol. 1, 1997. 4, Hong Kong

11 Kamrani A K, Sferro P, Handelman J. Critical issues in design and evalution of computer aided process planning system. Computers ind Engng, 1995, 29(1～4): 619～623

12 Zhang H C, Alting L . Computerized manufacturing process planning systems. Chapman & Hall, 1994

13 Chorafas D N, Steinmann H. Object-oriented Databases. Prentice－Hall International Inc. , 1994 年

14 Chang T C. Expert process planning for manufacturing. Addison－Wesley Publishing Company, 1990

15 杜裴，黄乃康．计算机辅助工艺过程设计原理．北京：北京航空航天大学出版社，1990

16 张振明．面向产品的 CAPP 集成化、智能化、工程化技术基础:[博士论文]．西安:西北工业大学,1999
17 范玉青，诸兴军．产品数据管理的现状．功能和目标．计算机辅助设计与制造，1997(1)：28～32
18 李建明，李和良，许隆文．PDM－CAD/CAM 集成与工程数据管理的新技术．机械科学与技术，1997，16(1)：157～161
19 王永庆．人工智能原理、方法与应用．西安:西安交通大学出版社,1994
20 许建新．并行工程中工艺知识处理及 CAPP 技术:[博士论文]．西安:西北工业大学,1997
21 杨叔子,丁洪,史铁林等著．基于知识的诊断推理．北京:清华大学出版社,南宁:广西科学技术出版社,1993
22 刘有才,刘增良编著．模糊专家系统原理与设计．北京:北京航空航天大学出版社,1995
23 何新贵著．模糊数据库系统．北京:清华大学出版社,南宁:广西科学技术出版社,1994
24 陈建荣,严隽永,叶天荣编著．分布式数据库设计导论．北京:清华大学出版社,1992
25 杨松林编著．工程模糊论方法及其应用．北京:国防工业出版社,1996
26 田盛丰等编著．人工智能原理与应用．北京:北京理工大学出版社,1993
27 路耀华著．思维模拟与知识工程．北京:清华大学出版社,南宁:广西科学技术出版社,1997
28 涂序彦,李秀山,陈凯编著．智能管理．北京:清华大学出版社,南宁:广西科学技术出版社,1995
29 朱海滨编著．面向对象技术——原理与设计．长沙:国防科技大学出版社,1992
30 史忠植著．知识发现．北京:清华大学出版社,2002
31 赵学训等编著．计算机辅助设计与制造集成系统的设计与实践．北京:国防工业出版社,1991
32 (德)施普尔·克劳舍著．虚拟产品开发技术．宁汝新等译．北京:机械工业出版社,2000
33 曾芬芳,景旭文等编著．智能制造概论．北京:清华大学出版社,2001
34 童秉枢,李建明主编．产品数据管理(PDM)技术．北京:清华大学出版社，施普林格出版社,2000
35 陈禹六,李清,张锋编著．经营过程重构(BPR)与系统集成．北京:清华大学出版社，施普林格出版社,2001
36 柴跃廷,刘义编著．敏捷供需链管理．北京:清华大学出版社，施普林格出版社,2001
37 熊光楞主编．并行工程的理论与实践．北京:清华大学出版社，施普林格出版社,2001
38 范玉顺,王刚,高展编著．企业建模理论与方法学导论．北京:清华大学出版社，施普林格出版社,2001
39 范玉顺,曹军威编著．复杂系统的面向对象建模、分析与设计．北京:清华大学出版社，施普林格出版社,2000
40 范玉顺主编．工作流管理技术基础．北京:清华大学出版社,施普林格出版社,2001
41 范玉青编著．现代飞机制造技术．北京:北京航空航天大学出版社,2001
42 黄喜,王真星．CAPP 中工时定额系统的研究与开发．电脑开发与应用,2002,15(9)

43 洪湖鹏,郁鼎文,张玉峰等．通用化计算机辅助工时定额系统的研究与开发．制造技术与机床,2001(7)

44 陈宗舜．工艺工作信息化——建立工艺信息系统的研究．成组技术与生产现代化,2000(3)

45 倪颖杰,许建新,司书宾等．基于PDM的企业工艺信息集成系统．航空制造技术,2002(5)

46 郝建材．基于PDM的系统集成框架．计算机辅助设计与制造．2001(10):76～79

47 (德)约瑟夫·萧塔纳．制造企业的产品数据管理:原理、概念、策略．北京:机械工业出版社,2000

48 张曙．分散网络化制造．北京:机械工业出版社,1999

49 郑人杰,殷人昆．软件工程概论．北京:清华大学出版社,1998

50 高奇微,莫欣农．产品数据管理(PDM)及其实施．北京:机械工业出版社,1998

51 杨海成,张振明等．计算机辅助制造工程．西安:西北工业大学出版社,2001

52 黄乃康,张振明,许建新等．CAPP技术发展的新阶段与智能化工艺信息系统(IPIS)构想．机械科学与技术,2000,19(4)

53 张振明,桓永兴,许建新等．CAPPFramework工程化实施研究．计算机工程与应用,2000(9)

54 孔宪光,张振明,贾晓亮．CAPP工程化质量保证体系．航空制造技术,2002(3)

55 贾晓亮,张振明,许建新等．虚拟企业集成环境下的工艺信息系统．西北工业大学学报,2001

56 高建武,贾晓亮,雷圆方．基于CAPPFramework的飞机的随机工艺装备CAPP系统．CAD/CAM与制造业信息化,2002(8)